Markus Frey

Den Stress im Griff

Machen Sie den Stress zu Ihrem besten Helfer

BusinessVillage

Markus Frey
Den Stress im Griff
Machen Sie den Stress zu Ihrem besten Helfer
1. Auflage 2013
© BusinessVillage GmbH, Göttingen

Bestellnummern
ISBN 978-3-86980-228-2 (Druckausgabe)
ISBN 978-3-86980-229-9 (E-Book, PDF)

Direktbezug www.BusinessVillage.de/bl/911

Bezugs- und Verlagsanschrift
BusinessVillage GmbH
Reinhäuser Landstraße 22
37083 Göttingen
Telefon: +49 (0)5 51 20 99-1 00
Fax: +49 (0)5 51 20 99-1 05
E-Mail: info@businessvillage.de
Web: www.businessvillage.de

Layout und Satz
Sabine Kempke

Druck und Bindung
www.booksfactory.de

Inhalt

Prolog

Thomas ist wirklich ein Mann, der einen wahnsinnig machen kann. Er ist zwar kein Hektiker wie so einige in seinem Umfeld, ganz im Gegenteil. Auch wenn das Schiff seiner Firmengruppe in schwerer See und er selbst heftigstem Gegenwind ausgesetzt ist: er bleibt immer die Ruhe selbst und weiß anscheinend stets, was zu tun ist. Wenn die Rohstoffpreise nach oben gehen – Thomas bleibt ruhig und entscheidet. Wenn eine Gesetzesänderung einen kompletten Wechsel des Marketingkonzepts erfordert – Thomas bleibt ruhig und entscheidet. Wenn eine Krankheit ihn für längere Zeit außer Gefecht setzt – Thomas wird auch da nicht nervös, delegiert seine Aufgaben, verabschiedet sich für zwei Monate ins Krankenhaus und der Laden läuft trotzdem. Was hat der Kerl nur, was andere nicht haben ...?

Kennen Sie auch solch einen Thomas? Zugegeben, diese Art von Menschen scheint zunehmend seltener zu werden. Doch ist es nicht gerade diese Souveränität, die wir uns alle wünschen? Die meisten Menschen, die in Wirtschaft und Gesellschaft Verantwortung tragen, sind mitnichten von dem Traum beseelt, dass sie frei von jeglichem Stress auf einer Südseeinsel die Seele baumeln und sich die Sonne auf den Pelz brennen lassen. Grundsätzlich lieben sie das von ihnen gelebte Leben, sie wollen auch weiterhin viel bewegen und akzeptieren durchaus ein gewisses Maß an Stress.

Doch der Stress kann uns auch das Leben versalzen. Bei einer zunehmenden Zahl an Menschen tut er das ganz gehörig, das Immunsystem geht vor die Hunde und das Wörtchen »Belastungsfähigkeit« ist ein Begriff, den man nur noch vom Hörensagen kennt. Stressbedingte Krankheiten von Magen-, Kopf- und Rückenschmerzen bis hin zum berühmt-berüchtigten Burn-out-Syndrom sind seit Jahren auf dem Vormarsch und beeinträchtigen die Lebensqualität vieler in massiver Weise.

Langer Rede kurzer Sinn. Zwischen einem faden, langweiligen Leben ohne jeden »Kick« und ohne Herausforderung und einem überfordernden Leben, das jegliche Lebenslust und -freude den Bach runtergehen lässt, muss es doch einen dritten Weg geben. Den Weg, den Leute wie Thomas schon gefunden haben und der von Mut, Kraft und Gelassenheit gekennzeichnet ist.

Entscheidend für diesen Weg ist mehr als »nur« ein wirkungsvolles Stressmanagement. Das gehört zwar dazu, aber letztlich geht es um einen Lebensstil, der einerseits den Stress in den Griff bekommt und andererseits dafür sorgt, dass zu jeder Zeit ein stetiger Energiezufluss gewährleistet ist. Ein Stressmanagement, das sozusagen in ein Energiemanagement übergeht.

Stress –
was ist das eigentlich?

»Stress ist die Würze des Lebens.«

Hans Selye

Eine der am häufigsten zitierten Aussagen über den Stress ist die oben aufgeführte von Hans Selye, dem Vater der Stressforschung. Er meinte damit, dass Stress keinesfalls nur krankmachend wirkt, sondern auch notwendig ist, wenn wir besondere Leistungen erbringen wollen. In seinem berühmtesten Buch, das einfach nur den Titel *Stress* trägt, schreibt er dazu: »Da Stress mit jeder Betätigung verbunden ist, könnten wir den größten Teil davon vermeiden, indem wir einfach grundsätzlich gar nichts tun. So ein Leben wäre aber einem Schlagballspiel vergleichbar, in dem kein Ball getroffen, kein Lauf begonnen und keine Punkte gewonnen werden – und wer hätte daran wohl noch Spaß?«[1]

Aber auch sonst gibt es sehr unterschiedliche Meinungen über den Stress. So kam in einer vor kurzem durchgeführten Online-Umfrage unter über 22.000 Teilnehmern aus zweiundzwanzig Ländern heraus, dass weltweit rund 40 Prozent der Menschen den Stress positiv sehen. Eine fast ebenso große Zahl meinte auch, dass sie unter Stress die besten Leistungen erbringen würden.[2]

Andere sehen vor allem die negative Seite des Stresses. Häufig wird die WHO zitiert, die zu Beginn des Jahrtausends die Meinung kundgetan hat, dass Stress als »die größte Gesundheitsgefahr des 21. Jahrhunderts« anzusehen sei. Und auch dafür gibt es gute Gründe. So wurden im »Stressreport Deutschland 2012« der Bundesanstalt für Arbeitsschutz und Arbeitsmedizin allein für 2011 59 Millionen Fehltage aufgrund psychischer Erkrankungen registriert. Der weitaus überwiegende Teil davon dürfte auf das Konto des zunehmenden Stresses gehen.

Recht haben beide Seiten. Der Stress oder vielmehr die Stresshormone können uns zwar helfen, unsere Kräfte zu bündeln und unsere Ziele zu erreichen. Genauso können sie unter bestimmten Umständen aber auch dafür sorgen, dass unser Immunsystem kaputtgeht und unsere Gesundheit ruiniert wird.

Das Wort »Stress« stammt ursprünglich aus der Physik, genauer gesagt der Werkstoffkunde. Dort hat er die Bedeutung des Druckes auf ein Material beziehungsweise des Zuges an einem Material und die daraus folgende Veränderung (Anspannung, Verzerrung, Verbiegung, Bruch). Der schon erwähnte Hans Selye entnahm diesen Begriff, um damit »die unspezifische Reaktion des Körpers auf jegliche Anforderung«[3] zu benennen.

Im Alltagsgebrauch bezeichnet Stress zweierlei: einerseits die durch äußere Auslöser (Stressoren) hervorgerufene psychische und physische Reaktion (beginnend mit dem Ausschütten von Stresshormonen), und andererseits die dadurch entstehende körperliche und geistige Belastung.

Wenn wir also im Titel dieses Buches davon sprechen »den Stress im Griff« haben zu wollen, dann geht es dabei aus physiologischer Sicht um drei Punkte:

1. Einschränkung (nicht Stopp!!) der Stresshormonproduktion, um damit eine höhere Souveränität und Gelassenheit zu erreichen.
2. Die Stresshormone, die wir dann immer noch ausschütten (was gut ist), dafür zu nutzen, wofür sie von der Schöpfung gedacht sind: zur Bündelung der Kräfte und zur Meisterung besonderer Herausforderungen.

3. Den erhöhten Stresshormonspiegel jeweils zeitnah wieder abzubauen, um eine Überlastung von Körper und Geist und damit
   verbundene gesundheitliche Probleme zu verhindern.

Die Stresshormone

Wenn wir wissen wollen, wie der Stress auf unseren Körper wirkt, dann müssen wir uns die Stresshormone etwas genauer ansehen. Die wichtigsten drei sind das Adrenalin, als das wohl bekannteste, das Cortisol und das Noradrenalin. Alle drei sind für uns sehr wichtig und werden hauptsächlich in der Nebenniere produziert. Sie sind nicht nur für verschiedene Stoffwechselvorgänge zuständig, sondern versorgen uns auch mit zusätzlicher Energie, wenn wir unter besonderem Druck stehen. Ein Spezialfall ist das Noradrenalin, das für Kreativität und gutes Denken zuständig ist. Bei übergroßem Stress wird es von Adrenalin und Cortisol verdrängt, der Noradrenalinspiegel sinkt also.

Auslöser Gehirn, Produktionsstätte Nebenniere

Wenn wir nun unter Stress stehen, das heißt, wenn wir mit unserem Denken irgendeine Situation als stressig bewerten, dann sendet unsere Großhirnrinde, also der Ort, wo unser Denken stattfindet, einen Befehl an die Produktionsstätten der Stresshormone, es möge doch die Stresshormonproduktion bitteschön anschmeißen. Damit erhalten wir zusätzliche Energie und wir sind in einem deutlich höheren Maße in der Lage, uns auf die gerade anstehende Herausforderung zu fokussieren. Zunächst ist das auch kein Problem. Auch gelegentliche Produktionsspitzen der Stresshormone halten gesunde Menschen in aller Regel ganz gut aus.

Ein Problem wird es allerdings in zwei Fällen: erstens, wenn der Stress schlicht und ergreifend zu viel wird, und zweitens, wenn der Stresshormonspiegel nicht zeitnah wieder abgebaut wird, zum Beispiel durch Bewegung. Die Folgen sind viele Erkrankungen, die dadurch entweder direkt (mit-)verursacht oder durch den Stress zumindest verschärft werden. Dazu gehören zum Beispiel Bluthochdruck, Herzrasen, Rücken- und Kopfschmerzen und vieles andere mehr.

Der Stress – ein »Mitarbeiter« mit doppeltem Potenzial

Der Stress ist also ein durchaus zwiespältiger Geselle. Ich vergleiche ihn gerne mit einer Art »Mitarbeiter« eines jeden von uns. Und wie jeder andere Mitarbeiter, so hat auch dieser »Mitarbeiter« ein doppeltes Potenzial. Das Potenzial zum »Flop-Mitarbeiter«, ja. Im besseren Fall lähmt er uns, sodass eine gute Leistung, zum Beispiel bei einer Produktpräsentation, unmöglich wird, im schlechteren Fall ruiniert er unser Immunsystem und lässt die Gesundheit vor die Hunde gehen.

Der Stress hat aber auch das Potenzial zum »Top-Mitarbeiter«. Dann laufen wir zur Hochform auf und er hilft uns, unsere Kräfte zu konzentrieren, unsere Leistungsfähigkeit zu entwickeln und unsere Ziele zu erreichen.

Disstress und Eustress nicht dasselbe wie produktiver und unproduktiver Stress

Ich werde oft gefragt, ob meine Metapher vom »Top-« beziehungsweise vom »Flop-Mitarbeiter-Stress« nicht dasselbe sei wie das, was Hans Selye mit seiner Unterscheidung in »Disstress« und »Eustress« ausgedrückt hat. Das ist nicht der Fall.

Selye ging beim Stress von einer »unspezifischen Anpassungsreaktion«[4] des Körpers auf jegliche (!) Anforderung aus. In einer Bilderfolge zeigte er in dem erwähnten Buch *Stress*[5] unter anderem neuseeländische Arbeitslose (Stress der Entbehrung), die in einer Schlange auf eine Mahlzeit warteten, russische Arbeiterinnen in einer Moskauer Uhrenfabrik (Stress der Monotonie), ein altes Geschwisterpaar, das nach neununddreißig Jahren der Trennung wieder zusammengeführt wurde (Stress überwältigender Freude), und einen Sportler, der gerade einen Weltrekord aufgestellt hatte (Stress des Sieges). In allen Situationen wurden Stresshormone ausgeschüttet. Um diese nun besser differenzieren zu können, nannte er negativen, belastenden Stress »Disstress« (von lateinisch dis = schlecht) und positiven, mit freudiger Erregung verbundenen Stress »Eustress« (von griechisch eu = gut).

Die Unterscheidung »Top-Mitarbeiter-Stress« beziehungsweise »Flop-Mitarbeiter-Stress« ist nicht ganz dasselbe, wenngleich es durchaus Überschneidungen gibt. Unterschieden wird mit dieser Metapher eher zwischen produktivem und unproduktivem Stress. Auch Disstress kann zuweilen produktiv sein. Das kann man ganz gut am Beispiel erklären, wenn jemand das Autofahren erlernt.

Zu Beginn muss der Fahrschüler lernen, mit ganz neuen Gefahrensituationen umzugehen und in der Regel käme er wohl kaum auf die Idee, diesen Lernprozess als Eustress, also positiven Stress, zu bezeichnen. Wenn er zum Beispiel nach einigen Stunden in verkehrsberuhigten Bereichen zum ersten Mal zur Rushhour in einer Großstadt fahren muss, empfinden dies zunächst wohl die meisten als hochgradigen Disstress. Ich erinnere mich noch gut, dass ich zu Beginn nach so mancher Fahrt jeweils ganz froh war, wenn sie vorbei war, bevor ich mit zunehmender Routine entspannter wurde und die Fahrstunden zum Schluss sogar genießen konnte.

Eine besondere Art der »Mitarbeiterführung«

Was machen wir nun mit dieser Erkenntnis? Was müssen wir tun, damit wir einerseits von dem »Top-Mitarbeiter-Stress« profitieren können, aber ohne ihn auch als »Flop-Mitarbeiter« erleben zu müssen, der unsere Gesundheit beeinträchtigt? Wie können wir lernen, produktiven Stress, der unsere Konzentration unterstützt, zu nutzen und gleichzeitig lähmenden, unproduktiven Stress in seine Schranken zu weisen?

Ganz klar, wir müssen lernen, diesen »Mitarbeiter« richtig zu führen. Schon diese simple Entscheidung, den Stress führen zu wollen, macht dabei einen großen Unterschied aus. Es ist die Entscheidung, sein Leben nicht mehr fremdbestimmt erleiden, sondern selbstbestimmt gestalten zu wollen. Solange wir zulassen, dass andere Menschen nicht nur über unseren Tagesablauf, sondern auch über unsere Gefühlswelt bestimmen, fühlen wir uns wenig glücklich und ausgeliefert. Doch allen Zwängen, die es geben mag, zum Trotz: in der modernen Industriegesellschaft des 21. Jahrhunderts zwingt der Wohlfahrtsstaat niemanden zu Arbeit, Karriere. Letztlich ist es immer unsere ureigene Entscheidung, welche Arbeit wir ausüben, wie wir arbeiten und mit welchen Menschen wir uns umgeben.

Und selbst wenn wir – aus welchen Gründen auch immer – genötigt sind, in einem uns nicht genehmen Hamsterrad unser Dasein zu fristen, so bleibt uns immer noch eine Freiheit: die Freiheit, uns auf unsere ganz persönliche Weise auf die Situation einzustellen, mit der wir gerade konfrontiert sind. Ich zitiere hier Viktor E. Frankl, der auch in allen erlebten Erfahrungen von Unmenschlichkeit in den Konzentrationslagern seinen Glauben an die Menschlichkeit nicht verlor:

»Und mögen es auch nur wenige gewesen sein – sie haben Beweiskraft dafür, dass man Menschen im Konzentrationslager alles nehmen kann, nur nicht die letzte der menschlichen Freiheiten, sich zu den gegebenen Verhältnissen so oder so zu stellen.«

Viktor E. Frankl

Das ist zwar, wie so vieles im Leben, einfacher gesagt als getan. Aber ein bisschen Gewusst-wie mit einem Schuss Umsetzungswillen wird Ihnen helfen, dieses Ziel zu erreichen.

Den Umsetzungswillen müssen Sie mitbringen. Das Gewusst-wie in Bezug auf ein nachhaltig wirksames Stress- und Energiemanagement zu liefern, ist die Aufgabe dieses Buches. Vielen Dank, dass Sie mir die Möglichkeit geben, Sie damit zu unterstützen.

Abhängig oder eigenständig?

»Ich komme mir vor wie eine Marionette. Stress am Arbeitsplatz, Stress zu Hause, Stress im Verein. Mein ganzes Leben ist von anderen Menschen bestimmt, ich bin nicht mehr Herr im eigenen Haus.«

So oder ähnlich klingen viele Klagen von Zeitgenossen, die unter übermäßigem Stress leiden und den Eindruck haben, dass sie nur noch hin- und hergeschubst werden. Für so manchen ist es sozusagen zum Synonym von Stress geworden, dass sie zwar für vieles verantwortlich gemacht werden, aber letztendlich kaum etwas selbst entscheiden können.

Nun muss uns klar sein, dass ein gewisses Maß an Beschränkung beziehungsweise an Abhängigkeiten zu jedem Leben dazugehören, auch zum unabhängigsten. Wer nicht als Einsiedler in einer Höhle und von mehr als nur Wurzeln und Beeren lebt, wird zum Beispiel immer auch auf Menschen angewiesen sein, die Dinge können, die er selber nicht kann. Außerdem müssen wir auch der Tatsache ins Auge sehen, dass mit zunehmendem Alter die Optionen zur Lebensgestaltung abnehmen. Und nicht nur, wer sich entscheidet, zu heiraten und das Wagnis Elternschaft einzugehen, weiß, was es heißt, nicht mehr alles wahrnehmen zu können, was das Leben so bietet.

Der Grad der Abhängigkeit

Einer der entscheidendsten Faktoren für unser Stresserleben ist der Grad der Abhängigkeit. Und zwar nicht, wie man meinen könnte, der objektiv vorhandenen Abhängigkeit, sondern der gefühlten Abhängigkeit. Es ist diese gefühlte Abhängigkeit, die darüber entscheidet, wie stressig eine Lebenslage empfunden wird oder nicht. Und selbst in Situationen extremer objektiver Abhängigkeit gibt es große Unterschiede in der gefühlten subjektiven Abhängigkeit.

Deutlich wird das zum Beispiel an Dietrich Bonhoeffer. Der evangelische Theologe war während des Dritten Reiches im weiteren Kreis der Widerstandskämpfer des 20. Juli und wurde kurz vor Kriegsende hingerichtet. Während seiner Gefangenschaft schrieb er das später berühmt gewordene Gedicht »Wer bin ich?«, aus dem die folgenden zwei Zeilen stammen:

»[...] sie sagen mir oft, ich träte aus meiner Zelle,
wie ein Gutsherr aus seinem Schloss.« [6]

Es gibt wohl kaum einen Ort, der von größerer äußerer Beschränkung geprägt ist, wie das Gefängnis eines totalitären Staates. Doch selbst in dieser extremen Situation äußerer Abhängigkeit gab es offenbar Menschen, die in einer Art von innerer Freiheit lebten und sich so ein hohes Maß an Eigenständigkeit erhalten konnten.

Von der geistigen zur umfassenden Eigenständigkeit

Sicher, Bonhoeffer und Frankl waren in vielerlei Hinsicht Ausnahmen. Auch das Umfeld, in dem sie sich mit ihren Überzeugungen und Lebensaufgaben bewähren mussten, unterscheidet sich (jedenfalls was die Zeit des Dritten Reiches anbelangt) glücklicherweise doch sehr von unserem heutigen Leben. Trotzdem zeigen sie durch ihr Vorbild in außergewöhnlich schwieriger Lage auf, dass es in allen Situationen möglich ist, ein hohes Maß an innerer Souveränität, von geistiger Unabhängigkeit zu bewahren. Und bei allen Problemen, die auch uns das Leben richtig schwer machen können, müssen wir doch eingestehen, dass unsere Beschränkungen weitaus geringerer Natur sind, als diejenigen, mit denen sich Bonhoeffer und Frankl konfrontiert sahen. Ihre geistige Unabhängigkeit, die Macht über ihre Gedanken, war praktisch alles, was ihnen noch geblieben ist.

Doch wir haben das große Glück, dass wir heute in den deutschsprachigen Ländern Europas in großer äußerer Freiheit leben und (unter der Voraussetzung, dass wir keine schwereren Gesetzesübertretungen begangen haben) in unserer äußeren Bewegungsfreiheit in der Regel wenig eingeschränkt sind. Aus diesem Grund können wir von diesem Punkt der geistigen Unabhängigkeit auch zu einer umfassenden Eigenständigkeit gelangen, auch dann, wenn sie beispielsweise wirtschaftliche Unabhängigkeit nicht mit einschließt. Aber auch wenn die innere Unabhängigkeit nicht total ist, so ist sie doch so umfassend, dass wir weitere Schritte gehen und eigenständige Entscheidungen treffen können.

Eigenständigkeit im Stress

Der Grad der Eigenständigkeit entscheidet in außerordentlich hohem Maße über unsere innere Souveränität und damit über unseren Stress. Und der Grad der Eigenständigkeit ist wiederum eng verknüpft mit unserer Fähigkeit, Entscheidungen zu treffen. Es ist dies eine Fähigkeit, die leider bei vielen nur sehr schwach entwickelt ist. So singt die bekannte Kölner Vokalpop-Band Wise Guys in einem ihrer Lieder:

Ich weiß nicht, was ich will
Ich kann mich nie entscheiden.
Ich versuche das Entscheiden
Möglichst zu vermeiden.
Ich weiß nicht, was ich will
Ich weiß nur eins: ich leide
stets bei Sachen mir zur Wahl:
Will ich keine oder beide?

Es gibt verschiedene Gründe, warum so viele Menschen mit allen Arten von Entscheidungen so große Schwierigkeiten haben. Ein ganz zentraler liegt sicher darin begründet, dass jede Ent-scheidung eben eine Scheidung bedeutet. Wenn ich »Ja« zu einer Sache oder einer Person sage, bedeutet das selbstverständlich, dass ich gleichzeitig »Nein« zu einer großen Zahl weiterer Optionen sage. Und wenn jemand sich immer alle Optionen offenhalten will, dann tut er sich eben schwer mit Entscheidungen. Doch der Preis des Nicht-Entscheidens ist hoch: er besteht unter anderem in einer permanenten inneren Unsicherheit, die an sich mit sehr viel unproduktivem, lähmendem Stress behaftet ist.

Im hier vorgestellten Gesundheitsförderungsprogramm *Selbstbestimmt im Stress* steht aus diesem Grund die Erarbeitung des persönlichen (!) Lebens- und Arbeitssinns, der persönlichen Ziele und der Konkretisierung der eigenen Werte ganz am Anfang.

Erst danach werden auch die Umstrukturierung Stress verschärfender Gedanken geübt, Ernährungstipps gegeben, Entspannungstechniken erlernt und so weiter. Damit setze ich im Buch die Vorgehensweise um, die sich in unzähligen Coachings und Seminaren der letzten Jahre bewährt hat. Das Programm ist die Grundlage aller Veranstaltungen des StressFrey-Instituts.

Der Weg zur Selbstbestimmung und inneren Unabhängigkeit ist nicht immer leicht, das ist sicher richtig. Manchmal haben wir es mit äußeren Widerständen zu tun, mindestens so oft aber auch mit inneren (schönen Gruß vom Schweinehund). Aber wenn wir lernen, unserem Leben einen Sinn zu geben, unsere wichtigsten Werte zu formulieren und daraus Ziele abzuleiten, die wir konsequent in unser Alltagshandeln übersetzen, dann werden wir eine innere Stabilität gewinnen, die uns eine ganz neue Energie verschafft. Eine Energie, die uns ein gesünderes Leben beschert, ein Leben, in dem Sie vieles von Ihrem heutigen Stress, mit einer großen Selbstverständlichkeit und Gelassenheit im Griff haben werden.

Von Stressbewältigung, Stressmanagement, Energiemanagement

Erlauben Sie mir zu Beginn dieses Kapitels zunächst ein paar Bemerkungen zur Begrifflichkeit. Da wird Ihnen vermutlich schon bald auffallen, dass ich sehr viel häufiger den Begriff »Stressmanagement« als den (zumindest im deutschsprachigen Raum) deutlich populäreren Terminus »Stressbewältigung« verwende. Der Grund liegt nicht darin, dass dieses Buch in einem Wirtschaftsverlag erscheint und daher anzunehmen ist, dass Menschen mit einer Nähe zum Management überdurchschnittlich unter den Lesern vertreten sind. Der wirkliche Grund liegt woanders.

Stressmanagement bedeutet Entscheidungen treffen

Das Wesen von Management, welcher Form auch immer, ist dadurch gekennzeichnet, dass Entscheidungen getroffen werden müssen. Das ist auch beim Stressmanagement der Fall. Der Begriff macht somit klar, dass es für den, der diesen speziellen inneren »Mitarbeiter«, den Stress, richtig führen will, ohne konkrete, persönliche Entscheidungen nicht geht.

Das ist bei Stressbewältigung weniger deutlich. In persönlichen Gesprächen stelle ich da immer wieder fest, dass, zumindest unterschwellig, der Eindruck vorherrscht, dass man einfach ein paar Stunden weniger arbeiten, ein bisschen Sport treiben und ab und zu in die Sauna gehen müsse, dann würde man diesen gestiegenen Lebensstress schon bewältigen. Welch ein Irrtum!

Natürlich können Entspannungstechniken, Sport und auch jegliche Erholungsmaßnahmen durchaus sinnvoll und hilfreich sein, wir werden uns mit den einen oder anderen auch noch beschäftigen. Aber wenn Sie sie nur zur Symptombehandlung im akuten Bedarfsfall einsetzen und keine nachhaltig wirksamen Entscheidungen damit verbinden, die an die wirklichen Stressursachen herangehen, bleiben dies kleine Heftpflaster, die Ihnen bestenfalls ein wenig in der aktuellen Situation helfen. Ein dauerhafter Effekt bleibt aber aus.

»Wenn ich manchmal bedenke, welch riesige Konsequenzen kleine Dinge haben, bin ich versucht zu glauben, dass es keine kleinen Dinge gibt.«

Bruce Barton, US-amerikanischer Schriftsteller

Wenn Sie nicht nur ab und zu ein entspanntes Gefühl haben, sondern nachhaltig gesünder mit den Belastungen Ihres anforderungsreichen Alltags umgehen wollen, dann geht es ohne konkrete Entscheidungen nicht ab. Vielleicht treffen Sie dazu auch die eine oder andere »große« Entscheidung, vor allem aber werden es viele »kleine« Entscheidungen sein. Entscheidungen, die Sie nicht mehr in die permanente Überforderung mit unterschiedlichsten Gesundheitsproblemen (bis hin zum berüchtigten Burn-out) führen. Wenn Sie anfangen, Ihr ganz persönliches Stress- und Energiemanagement in Ihre Entscheidungen einzubeziehen, dann werden Sie je länger, je mehr zu einem Alltag finden, der von einer deutlich höheren Kraft und Dynamik geprägt ist.

Beim Stressmanagement geht es also um Entscheidungen, die gewährleisten, dass Sie langfristig (!) genügend Lebensenergie erhalten, um sowohl Ihre Aufgaben zu bewältigen als auch Ihr Leben zu genießen.

Nicht einfach, aber ...

Dass dies eine Kleinigkeit ist, will ich Ihnen dabei nicht vormachen. Die Neurowissenschaften haben dazu nämlich eine ziemlich unangenehme Nachricht: eine Änderung unseres Denkens und Verhaltens gehört zunächst zu den schwersten Dingen überhaupt. Es kommt also mehr auf Sie zu, als nur ein paar goldene Regeln auswendig zu lernen. Der Bremer Neurobiologe Gerhard Roth bringt es auf den Punkt, wenn er sagt:

»Eine alte Gewohnheit durch eine neue zu ersetzen, ist das Schwerste, was es für das Gehirn gibt.«

Gerhard Roth

Deswegen müssen wir uns nun nicht gleich mit einem Schulterzucken in eine fatalistische »Da-kann-man-halt-nichts-machen«-Haltung verabschieden. Wir können schon was tun und zwar eine ganze Menge. Nur ist es halt mit einem schlichten Silvester-Vorsatz nicht getan, wie es jedes Jahr unzählige Menschen von Neuem meinen.

Wie man Entscheidungsstress verringert [7]

»Sofort alle raus!«, brüllte der Feuerwehrhauptmann und im nächsten Augenblick rannten er und seine Leute nach draußen. [8] Die Männer waren kaum im Freien angekommen, als der Boden des Hauses, in dem sie eben noch standen, mit großem Getöse in die Tiefe krachte.

»Der Mann wusste später nicht mehr, warum er so gehandelt hatte. Er konnte sich nicht erinnern, warum er den Befehl gegeben hatte, das Haus zu verlassen«, berichtete der amerikanische Psychologe und Experte für Entscheidungstheorie Gary Klein. »Er meinte ernsthaft, es sei sein siebter Sinn gewesen.« [9]

Das Unbewusste – ein Informationspuzzle

Was der Feuerwehrhauptmann seinen siebten Sinn nannte, war sein Unbewusstes, das in wenigen Bruchteilen einer Sekunde in der Lage war, zig Informationspuzzleteile zu einem sinnvollen Ganzen zusammenzufügen und ihm half, die einzig richtige Entscheidung zu fällen. Die Entscheidung, die sein eigenes und das Leben seiner Leute gerettet hat.

Interessanterweise sind es gerade Menschen, denen wir zunächst einen eher geringen Hang zu Bauchentscheidungen zuerkennen würden, die öfter als andere intuitiv entscheiden. Erfolgreiche Schachspieler etwa haben in jahrelangem Training vor allem eine Sache zur Meisterschaft gebracht: die Fähigkeit zur richtigen Intuition. Auch wenn manche ganze Partien aus dem Gedächtnis nachspielen können, ist die (wie gesagt trainierte) Intuition doch der entscheidende Faktor angesichts der Tatsache, dass schon nach drei Zügen über neun Millionen Spielvarianten möglich sind. Und auch für viele Führungskräfte aus Wirtschaft und Gesellschaft gilt, dass sie häufig wichtige Dinge aus dem Bauch heraus entscheiden.

Kein Plädoyer zur Ausschaltung des Verstands

Das bisher Geschriebene ist keineswegs ein Plädoyer dafür, den Verstand vorzeitig in Rente zu schicken. Denn am Beispiel der Schachspieler wird vor allem eines deutlich. Die besten Entscheidungen erwachsen offensichtlich aus einer Kooperation von »Bauch« und Hirn, von Intuition und Verstand. Das heißt, dass es für gute Entscheidungen sehr wohl wichtig bleibt, sich der Tatsache bewusst zu sein, dass unsere Welt sehr komplex ist und immer komplexer wird, ein Faktor, den viele nach wie vor unterschätzen. Wir sollten also weiterhin darauf achten, dass die Entscheidungsparameter stimmen, wichtige Tatsachen einbeziehen und richtig gewichten ... und dann die berühmte Nacht drüber schlafen.

Entscheidungsstress verringern – und schneller entscheiden

Für viele Menschen, insbesondere für Unternehmer und Führungskräfte (aber nicht nur für sie), fängt jetzt aber der Stress erst so richtig an. Alle Fakten sind bekannt und ... es stehen mindestens zwei, oftmals aber auch deutlich mehr Entscheidungsoptionen offen. Doch jetzt muss entschieden werden: für die eine der siebenundzwanzig unterschiedlichen Marmeladen im Supermarktregal oder die Neuausrichtung der Angebotspalette der mittelständischen Firma mit Millioneninvestitionen in Menschen und Maschinen. So oder so ist für so manchen der Zwang, sich tagtäglich in unzähligen Situationen entscheiden zu müssen, der größte Stressfaktor überhaupt.

Doch dieser Stress lässt sich deutlich reduzieren. Und wie so oft ist der Königsweg dazu simpel und unendlich schwer zugleich. Er heißt: »einfach schneller entscheiden«. Natürlich weiß ich, dass dies, gerade bei möglichen schwerwiegenden Folgen, alles andere als leicht ist. Doch die Folgen der Nicht-Entscheidung sind in aller Regel noch viel schwerwiegender. In Bezug auf die Lösung der anstehenden Herausforderung ... als auch für die Gesundheit des Entscheiders!

Den-Stress-im-Griff-Tipp Nr. 1

Die Handlungskonsequenz aus all diesen Erkenntnissen ergibt sich von selbst. Sie lautet: frühzeitig Zeitlimits für Entscheidungen zu setzen, vor allem für die schweren. Natürlich muss genügend Zeit eingeplant werden, um die wichtigen Informationen zusammenzutragen. Schlafen Sie dann eine (!) Nacht drüber – und dann entscheiden Sie!

In der Nacht hat unser Unbewusstes die Muße, die Argumente gut zu sortieren, ein wichtiger Grund, warum gute Ideen oft beim frühmorgendlichen Dauerlauf oder unter der Dusche geboren werden. Es hat eine eingebaute Prüffunktion, die einen automatischen Mehrfach-Check durchführt, insbesondere einen Erfahrungs-, einen Werte- und einen Gefühls-Check. Wenn bei diesen drei zentralen Parametern sozusagen das »Okay-Lämpchen« aufleuchtet, haben wir die ultimative Entscheidungshilfe gewonnen. Wer es trainiert, beim »Aufleuchten« dieser »Lämpchen« dann auch wirklich schnell zu entscheiden, trifft nachweislich nicht nur mehr, sondern auch bessere Entscheidungen. Und das ist wiederum ein bedeutender Faktor des persönlichen Stressmanagements von Verantwortungsträgern.

Vom Stress- zum Energiemanagement

Die Teilnehmer in meinen Seminaren, Workshops etc. sind in der Regel Führungskräfte, Unternehmer, Verantwortungsträger jeglicher Art. Typische »Macher« eben mit allen Stärken und Schwächen, die diesem Menschenschlag eigen ist. Diese haben in der Regel kaum das Ziel, als Zen-Mönch fern jeglichen Stresses langsamen Schrittes durch ihren Alltag zu wandeln. Es sind meistens Leute, die ein bestimmtes Maß an Stress durchaus als zu ihrem Alltag gehörig akzeptieren, ja, die den Stress sogar lieben. Sie treibt meistens eine ganz andere Frage um, als die nach einem stressfreien Leben.

Unser Energiemanagement

Es ist nicht die Frage nach der Zeit, obwohl viele meinen, dass fehlende Zeit der Stressfaktor Nr. 1 ist. Es ist auch nicht die Frage nach dem Geld, obwohl uns sicher allen bewusst ist, dass die vorhandenen (oder eben nicht vorhandenen) finanziellen Möglichkeiten durchaus in vielen Bereichen eine Rolle spielen.

Wie gesagt, diese Leute wollen nicht ein stressfreies Leben, sondern das, was sie heute tun, im Wesentlichen auch morgen tun können und übermorgen ... in fünf oder in zehn Jahren. Und die Ressource, die mehr als alles andere darüber entscheidet, ist die Energie. Nicht die Energie, die aus der Steckdose oder dem Tankrüssel kommt, sondern die persönliche Energie, die in jedem von ihnen steckt: die Lebensenergie.

Sie glauben das nicht? Gut, dann will ich Ihnen mal ein paar Fragen stellen. Wie war das wieder bei der Besprechung am vergangenen Mittwoch? Sie hatten sie direkt nach dem (ziemlich üppigen) Mittagessen angesetzt und sie dauerte bis 17.30 Uhr. Es sollte wirklich was dabei rumkommen, aber schon vor 15 Uhr waren Sie so platt, dass von Ihnen, dem Chef, kein nennenswerter Beitrag mehr kam. Und den meisten anderen schien es nicht viel anders zu gehen, sodass Sie wieder nicht zu einer Entscheidung gekommen sind.

Oder wie war das mit dem Kinobesuch, den Sie am Freitag der Tochter versprochen hatten? Sie haben sich extra etwas früher auf den Weg gemacht, aber dann sind sie, kaum zu Hause angekommen, auf dem Sofa eingeschlafen und keine zehn Pferde hätten Sie an diesem Abend noch aus dem Haus gebracht. Und auch Ihre Frau kann immer weniger mit Ihnen anfangen, weil Sie meistens saftloser daherkommen als eine ausgedrückte Zitrone.

Die »andere Frage« ist also die Frage: »Was muss ich tun (oder lassen), damit ich auch morgen noch genügend Energie habe und mein Feuer stetig weiterbrennt? So weiterbrennt, dass ich sowohl meine Aufgaben erfüllen als auch das Leben insgesamt genießen kann.«

Natürlich, nicht bei jedem ist es gleich so dramatisch, wie eben geschildert. Doch wir sollten uns klar machen, dass die Lebensenergie der(!) begrenzende Faktor für all unsere Vorhaben ist. Wir benötigen sie vom Gehirn (das einen sehr großen Anteil dieser Energie verbraucht) bis in die letzte Faser unseres Körpers.

Apropos Gehirn. Für die anderthalb Kilo wabriger Masse, die wir in unserem Oberstübchen spazieren führen, ist die Energie besonders wichtig, vor allem jene Energie, die wir aus unserer Ernährung und der Erholung, insbesondere dem Schlaf, beziehen. Intelligenzforscher wie der Vorsitzende der Gesellschaft für Gehirntraining, Siegfried Lehrl aus Erlangen, sehen heute in angemessener Ernährung sowie Erholung Schlüsselfunktionen zur Steigerung der Intelligenz. Falsches beziehungsweise unzureichendes Energiemanagement vermindert hingegen die Leistungsfähigkeit des Gehirns deutlich, kurz: es macht dumm.

Aber auch über die Gehirnleistung hinaus ist ein effektives Energiemanagement von hoher Bedeutung. Dieses Energiemanagement muss unterschiedliche Energiezuflüsse im Blick haben, wir benötigen sie alle. Sowohl die körperlichen (zum Beispiel Erholung und Ernährung) als auch die geistigen (zum Beispiel unsere Ziele) und die seelischen (zum

Beispiel der Sinn, den unser Leben haben soll). Wenn alle diese Energiezuflüsse ausfallen, dann sprechen wir von einem Burn-out-Syndrom.

Noch einmal: es geht um die Frage, ob Sie das, was Sie heute tun, auch weiterhin tun können, es geht also um Ihre Gesundheit. Und zwar eine Gesundheit, die mehr ist als einfach »nur« die Abwesenheit von Krankheit. Es geht um eine umfassende Lebensenergie.

Viele Menschen leben leider auch in Bezug auf ihre Gesundheit nach dem Motto »Was ich nicht weiß, macht mich nicht heiß.« Doch von »heiß laufen« kann auch sonst keine Rede sein, weil die Energie zum Heißlaufen einfach immer mehr abhanden gekommen ist.

Ich gehe im weiteren Verlauf dieses Buches davon aus, dass Sie zu jener Gruppe von Menschen gehören, die am Ende des Tages nicht einfach nur »weniger Stress« wollen. Sicher, da und dort ist das sinnvoll, aber was Sie wirklich wollen ... ist mehr Energie.

Energie, die in Ihnen das Gefühl stärkt, jemand zu sein, der Tag für Tag auch große Dinge zu bewegen in der Lage ist. Und der sich auch nicht nur als mehr oder weniger funktionierendes Rädchen im Getriebe erlebt, sondern als Mensch, der selbst den wesentlichen Einfluss auf sich selbst und insbesondere seine Gesundheit ausübt.

Ein »frommer« Wunsch, denken Sie? Dann kommen Sie mit. Kommen Sie mit auf den Weg, der Sie dahin führt. Einen Weg, den man mit »Stressmanagement« überschreiben könnte, der aber letztlich weit mehr ist als das: ein echtes Energie- und Powermanagement!

Balance bringt's

Die Frage, die sich uns nun stellt, ist die Frage, woher wir denn diese umfassende Energie, mit der wir auch unseren Stress in den Griff bekommen, beziehen können. Die Energie, die uns nicht nur kraftvoll unsere Arbeit tun lässt, sondern uns auch am Ende eines Tages noch aufmerksam am Leben unseres Partners, unserer Kinder und unserer Freunde Anteil nehmen lässt. Die Energie, die an vielen Dingen Freude hat, und das auch noch in den fortgeschrittenen Jahren unserer Biografie.

Es war diese Frage, die vor Jahren auch einen bedeutenden Wissenschaftler bewegt hat. Er hat sie allerdings noch etwas umfassender gestellt. Sein Interesse galt der Antwort auf die Frage, was Menschen über die Lebensspanne gesund bleiben lässt.

Der Mann hieß Nossrat Peseschkian und war ein deutscher Psychologe und Neurologe iranischer Herkunft. In den Siebzigerjahren des vergangenen Jahrhunderts ist er berühmt geworden als Begründer der positiven Psychotherapie. Bei dieser handelt es sich um einen interdisziplinären und transkulturellen Ansatz, der unter anderem auch zum Ziel hatte, den Patienten nicht nur als Leidenden zu betrachten, sondern ihn möglichst aktiv in den Heilungsprozess einzubeziehen und ihm vor allem Hilfe zur Selbsthilfe bei der Bewältigung seiner psychischen Probleme anzubieten. [10]

Bei der erwähnten Forschungsarbeit handelte es sich um eine transkulturelle Studie. Peseschkian kam, wie gesagt, kulturübergreifend auf folgende vier Zuflüsse, aus denen Menschen ihre körperliche, geistige und seelische Energie schöpfen können:

1. Persönliche (= vor allem körperliche) Bedürfnisse [11]

Darunter fiel einfach alles, was zu einem gesunden Umgang mit sich selbst gehört, vor allem aber die Beachtung der körperlichen Grundbedürfnisse wie Ernährung, Erholung (vor allem der Nachtschlaf) und Bewegung.

2. Arbeit/Leistung

Auch wenn so mancher es sich offenbar nicht so recht vorstellen kann: das Erbringen einer Leistung ist zunächst einmal ein Bedürfnis. Das können Sie nicht nur bei kleinen Kindern beobachten, die in aller Regel noch mit einer natürlichen Lernfreude ausgestattet sind, bevor ihnen diese Lernfreude wieder ausgetrieben wird. Auch ich selbst kenne mehrere Leute der Generation 60+, die sich in diesem Alter noch einmal selbstständig gemacht haben. Die neue Firmen oder Organisationen gründeten, obwohl sie es wirtschaftlich keinesfalls nötig hätten, sondern sich jahraus, jahrein auf Mallorca oder anderswo die Sonne auf den Pelz brennen lassen könnten.

3. Beziehungen

Allen Vorbehalten um Ehescheidungen, Rosenkriegen und Ehen, die nur noch auf dem Papier bestehen, zum Trotz. Wer sowohl im privaten als auch im beruflichen Umfeld positive Beziehungen pflegt, tut auch für seine Gesundheit etwas sehr Wesentliches.

4. Sinn

Wie schon viele andere auch (zum Beispiel der schon erwähnte Viktor E. Frankl), so hat auch Nossrat Peseschkian erkannt, was für eine enorme Relevanz es für die Gesundheit eines Menschen hat, dass er sein Leben als Ganzes und insbesondere auch seine Arbeit als sinnvoll erlebt.

Entscheidend dabei ist, dass alle vier Aspekte gleichermaßen bedeutsam sind. Auch wenn in der einen Lebensphase mal der eine, in einer anderen der andere verstärkte Aufmerksamkeit erfährt, so sollte doch darauf geachtet werden, dass stets alle vier Energiezuflüsse offen sind, das heißt, dass man keinesfalls einen oder mehrere völlig außer Acht lässt, um sich dafür einem anderen umso mehr zuzuwenden. Der tiefgläubige Mensch, der in seinem Glauben den Sinn seines Lebens gefunden hat, wird genauso seinen Preis zahlen müssen, wenn er seine körperlichen Bedürfnisse vernachlässigt, wie der karriereorientierte Wirtschaftskapitän, der seine Kinder kaum noch sieht und außerhalb seines Berufsfeldes keine Beziehungen pflegt.

Und wie geht es Ihnen, wenn Sie sich anschauen, wie viel Energie Sie aus den genannten vier Lebensbereichen beziehen? Müssen Sie sich eingestehen, dass Sie von solch einem ausbalancierten Leben ein ganzes Stück entfernt sind? Dass Sie zum Beispiel den Zustand Ihres Körpers schon seit langer Zeit ignorieren, weil ihre beruflichen Ziele doch viel wichtiger sind? Dass Sie ihm weder die notwendige Erholung gönnen noch auf ihre Ernährung achten, um ihm damit das zu geben, was er für all das braucht, was sie ihm tagtäglich abverlangen?

Oder dass Sie Ihre privaten Beziehungen weitestgehend geopfert haben, um auf der Karriereleiter wieder die eine oder andere Sprosse nehmen zu können? Müssen Sie sich auch eingestehen, dass Sie zwar *beruflich Profi, privat aber Amateur* geblieben sind, um mit einem bekannten Buchtitel aus den Achtzigerjahren zu sprechen?

Oder dass Sie eine Antwort auf die Frage, ob Sie Ihr Leben im Allgemeinen und Ihre Arbeit im Speziellen als sinnvoll erleben, als »nice to have« und nicht wirklich wichtig erachtet haben? Definieren Sie »Sinn« auch nur über Ihre persönliche Leistung oder den Spaß, den Sie mit einer Sache haben und verzichten Sie so auf den starken Energiezufluss, den Menschen haben, die einen Sinn gefunden haben, der über ihre eigene Existenz hinausweist?

Natürlich, nicht in jeder Lebensphase kann jedem Aspekt gleich viel Aufmerksamkeit entgegengebracht werden. Wenn Sie aber über einen längeren Zeitraum einen oder gar mehrere dieser Bereiche ignorieren, dann schneiden Sie sich von einer wichtigen Energiequelle ab und Ihre Möglichkeiten, den Stress in den Griff zu kriegen, schränken sich massiv ein. Wenn Sie andererseits zielorientiert leben und gesund bleiben wollen, dann setzen Sie sich klugerweise also Ihre Ziele in all diesen vier zentralen Lebensbereichen.

Übrigens auch eine äußerst wirksame Maßnahme im Rahmen einer effektiven Burn-out-Prävention.

Gewohnheiten sind der Schlüssel

Vieles in unserem Leben funktioniert automatisch, weil wir eben vieles »auf Automat« geschaltet haben. Das hat manche Vorteile, weil es unser Gehirn entlastet. Stellen Sie sich vor, Sie müssten sich jeden Morgen neu überlegen, wie Sie die Zähne putzen oder wie Sie sich die Schnürsenkel binden. Das Leben wäre noch viel anstrengender, als es eh schon ist.

Menschen, die ein energiereiches Leben führen und aus all den genannten Quellen Energie beziehen, haben Gewohnheiten entwickelt, die ihnen einen stetigen (!) Zugriff auf diese Energiequellen erlauben. Es geht also nicht um sporadisch in der Biografie auftauchende Highlights, die wie Sternschnuppen auftauchen und kurz danach wieder verschwunden sind. Wenn Sie ein nachhaltig (!) erfolgreiches Stress- beziehungsweise Energiemanagement in Ihrem Leben wirksam sehen wollen, dann geht es um Entscheidungen, die zu neuen Gewohnheiten führen. Nur so kann es wirklich funktionieren.

Gewohnheiten ändern

Eine alte Gewohnheit hat eine enorm starke Kraft, deshalb ist es auch so schwer, sie zu ändern. Allein mit Willensanstrengung ist es in der Regel nicht getan, da ist das Scheitern meistens vorprogrammiert. Aus diesem Grund ist es wichtig, dass wir dieser starken Kraft etwas Ebenbürtiges entgegensetzen.

Dazu müssen wir uns als Erstes vor Augen halten, was die beiden stärksten Motivationsknöpfe für menschliches Handeln sind: Schmerz und Freude. Wenn wir also eine neue Denk- und/oder Handlungsgewohnheit einüben wollen, dann müssen wir entweder eine große Freude (etwa einen hohen Nutzen) mit der neuen Gewohnheit verbinden oder wir müssen einen großen Schmerz befürchten, wenn wir die alte Gewohnheit beibehalten.

Wenn Sie zum Beispiel die Angewohnheit haben, auf langen Autofahrten Unmengen an Süßigkeiten zu essen und Sie diese Gewohnheit ändern wollen, dann können Sie:

1. Die Freude erhöhen, indem Sie sich die positiven Folgen des Verzichts immer wieder vor Augen malen (Gewichtsverlust, positivere Ausstrahlung und anderes mehr) und/oder alternative Freuden beim Autofahren schaffen (zum Beispiel, indem Sie sich mit schönen und interessanten Hörbüchern beziehungsweise Musik-CDs für die Autofahrt belohnen).
2. Den Schmerz erhöhen, indem Sie sich immer wieder die Folgen ihres Tuns in den schwärzesten Farben vor Augen stellen. Massives Übergewicht mit all seinen potenziellen Folgen sind da die Stichworte.

Solche Visualisierungen sind ungeheuer starke Helfer, wenn Sie Gewohnheiten verändern wollen. Auf sie sollten Sie keinesfalls verzichten. Sie werden Ihren Wunsch nach Veränderung enorm verstärken. Dies wird Ihnen einen sehr großen Teil der Kraft verleihen, die Sie zur Etablierung einer neuen, besseren Gewohnheit benötigen. Weitere wirksame Verstärkungen sind unter anderem das Aufschreiben konkreter Ziele (siehe auch Kapitel *Ziele*, ab Seite 65) und/oder der Einbezug von anderen Menschen.

Ein eindrückliches Praxisbeispiel zum Thema »Gewohnheiten verändern« erzählt der amerikanische Trainer Anthony Robbins in seinem Buch *Das Robbins Power Prinzip*[12]. Es handelt von zwei Frauen, die bereits unzählige Diätversuche hinter sich hatten, um abzunehmen. Nichts hat geklappt und wenn sie doch einmal etwas Gewicht verloren hatten, dann hat kurz danach der Jo-Jo-Effekt mit voller Wucht zugeschlagen. Doch dann hatten sie in einem Seminar gehört, dass Freude und Schmerz die beiden stärksten Motivationsknöpfe sind. In der Folge erhöhten sie für sich den Faktor Schmerz massiv und verbanden diesen

Schmerz mit ihren Selbstgesprächen. Konkret haben sie sich geschworen, dass sie zwei Dosen Hundefutter verspeisen würden, wenn sie es nicht schaffen. Zur Verstärkung dieser Selbstgespräche stellten sie die beiden Dosen jeweils gut sichtbar ins Regal und erzählten auch jedem Besucher von ihrem Vorhaben. Ein gelegentlicher Blick aufs Etikett tat ein Übriges ... und die beiden Frauen erreichten ihr Gewichtsziel ohne Schwierigkeiten.

Energietotalausfall – Das Burn-out-Syndrom

Wenn wir über Energie beziehungsweise Energiemanagement reden, dann müssen wir auch über den Totalausfall jeglicher Energie reden, den wir heute unter dem Begriff »Burn-out-Syndrom« kennen. Leider wird der Begriff des Burn-outs in der öffentlichen Diskussion häufig dermaßen inflationär gebraucht, dass viele Menschen mittlerweile nur noch müde abwinken, wenn das Thema angesprochen wird. Aber es hilft nichts: auch wenn wir all die Fälle abziehen, wo der »Burn-out«-Begriff in unangemessener Weise verwandt wird, bleibt immer noch eine große Zahl an Menschen, die tatsächlich von einem solchen betroffen sind.

Geschichte eines Begriffs

Anfang der Siebzigerjahre des vergangenen Jahrhunderts hat der deutschstämmige amerikanische Psychoanalytiker Herbert Freudenberger beobachtet, dass vor allem Angehörige aus sogenannten helfenden Berufen (also Heilpraktiker, Krankenschwestern, Rettungssanitäter und nicht zuletzt Ärzte) weitaus überdurchschnittlich krankgeschrieben und von Frühverrentung betroffen waren. Als er etwas genauer hinsah, stellte er fest, dass die Leute zwar auch physisch erschöpft waren. Der große

Unterschied zu anderen Erschöpfungszuständen lag aber darin, dass sie auch psychisch keinerlei Zugriff auf irgendeine Form von Energie hatten.

Freudenberger suchte einen neuen Begriff für das Phänomen und wurde bei der Kernphysik fündig. Dort bedeutet Burn-out das Durchbrennen der Brennstäbe im Kernreaktor. Sie sind in so einem Moment nicht mehr verwendbar, aus ihnen kann keinerlei Energie mehr gewonnen werden.

Einige Jahre später beobachtete Freudenberger ähnliche Symptome auch bei Unternehmern und Führungskräften und so hieß sein nächstes Buch auch folgerichtig »Ausgebrannt. *Die Krise der Erfolgreichen*«. In dieser Zeit (zu Beginn der Achtzigerjahre) wurde auch der Begriff der »Managerkrankheit« geboren. Heute gibt es kaum eine Berufsgruppe, die nicht davon betroffen ist, Burn-out ist auf dem Weg zur Volkskrankheit. Allerdings gibt es immer noch welche, deren Burn-out-Risiko besonders hoch ist. Zu Ihnen zählen nach wie vor die sozialen Berufe (insbesondere auch Ärzte und Lehrer), aber auch Polizeibeamte oder IT-Fachleute.

Definitionsprobleme

Immer wieder wird darauf hingewiesen, dass es bisher nicht gelungen sei, eine allgemein anerkannte Definition des Burn-out-Syndroms zu formulieren. Das ist einerseits richtig, vor allem eine trennscharfe Differenzialdiagnostik zu Krankheitsbildern mit vergleichbarer Symptomlage ist nie gelungen.

Wenn man es schon im wissenschaftlichen Diskurs nie geschafft hat, eine allgemein anerkannte Definition auf den Weg zu bringen, dann ist es natürlich auch kein Wunder, wenn dies in der öffentlichen Diskussion ebenfalls und sogar noch verschärft der Fall ist. Mittlerweile scheint Burn-out ein Allerweltsbegriff für alles und nichts zu sein. Doch allein mit den Abgrenzungsproblemen in der Wissenschaft ist es nicht begründbar, wenn heute bald jede Form der Erschöpfung mit Burn-out bezeichnet wird. Es gibt nämlich schon einige Komponenten, die enthalten sein müssen, damit wir von einem Burn-out sprechen. Wenn zum Beispiel von einem Schauspieler in großen Lettern berichtet wird, dass er am Burn-out-Syndrom erkrankt sei und er nach einigen erholsamen Tagen und Aufholen seines Schlafdefizits bereits wieder als »geheilt« gilt, dann ist mit dem Begriff bald gar nichts mehr anzufangen. Ähnliches gilt, wenn Anbieter von Nahrungsergänzungsmitteln aus verkaufstaktischen Gründen neuerdings auch einen Vitalstoffmangel mit »Burn-out« betiteln. Damit gäbe es dann nur noch sehr wenige Leute, die nicht von einem Burn-out betroffen wären.

Ist Burn-out eine Krankheit?

Nicht nur für Burn-out gibt es Definitionsprobleme, auch mit dem Begriff Krankheit haben sich die Mediziner mit einer präzisen Beschreibung lange Zeit sehr schwer getan. Grundsätzlich hat sich aber der Begriff der »Befindlichkeitsstörung« durchgesetzt. Damit wäre Burn-out nun eine Krankheit, denn die Befindlichkeit des Betroffenen ist ja tatsächlich gestört und das ziemlich massiv. So massiv, dass er ohne professionelle Unterstützung in der Regel nicht aus seinem Burn-out-Loch herauskommt.

Etwas anders sieht es allerdings aus, wenn ein Betroffener beim Arzt um Hilfe ersucht. Dieser ist vom Gesetzgeber dazu verpflichtet, sich in seiner Diagnose an die Begrifflichkeiten des sogenannten »ICD 10« zu halten. Dabei handelt es sich um den maßgeblichen Krankheitenkatalog, der von der Weltgesundheitsorganisation WHO herausgegeben wird.

Und dort erscheint Burn-out nicht in der Rubrik »Krankheiten«, sondern lediglich unter »Faktoren, die den Gesundheitszustand beeinflussen«. Diese für den Laien etwas kleinlich anmutende Unterscheidung ist der Grund hinter der immer mal wieder zu lesenden Aussage von Experten, dass Burn-out doch eigentlich keine Krankheit sei. Damit zum Beispiel Kuren trotzdem bewilligt werden, steht aus diesem Grund in ärztlichen Diagnosen in der Regel »Erschöpfungsdepression«, weil eben die Depression im Gegensatz zum Burn-out in der »richtigen« Rubrik des ICD 10 steht. Dies muss auch bedacht werden, wenn zum Beispiel der Gesundheitsreport 2013 der Deutschen Angestellten Krankenkasse darauf hinweist, dass die Diagnose »Depression« mehr als acht Mal so viele Ausfalltage verursacht wie die (Zusatz-)diagnose Burn-out. Da aber viele Ärzte der Meinung sind, dass Burn-out eh nichts anderes als eine Depression sei, ist es wohl nicht zu weit hergeholt, wenn man annimmt, dass auf diese Zusatzdiagnose häufig aus grundsätzlichen Überlegungen verzichtet wird.

Drei Hauptsymptome

Am besten kommen wir dem Verständnis von dem, was Burn-out wirklich ist, nahe, wenn wir uns die drei Hauptsymptome[13] etwas genauer ansehen:

1. Starke, insbesondere auch emotionale, Erschöpfung

Dies ist zunächst sicher das auffälligste Merkmal eines Burn-out-Syndroms und tritt bereits in einem sehr frühen Stadium auf. Wichtig zur Unterscheidung von normalen Erschöpfungszuständen (zum Beispiel eine vorübergehende Phase der Übermüdung) ist vor allem die deutliche psychische Erschöpfung. Typisch sind Aussagen wie »Ich habe keine Kraft mehr«, »Ich fühle mich so leer« und Ähnliches.

2. Entfremdung (Depersonalisation)

Setzt sich die Phase der emotionalen Erschöpfung fort, folgt oft ein sich Abkapseln von zwischenmenschlichen Begegnungen, welcher Art auch immer. Im beruflichen Umfeld fallen da insbesondere das immer wiederkehrende Aufschieben und das Ausweichen vor Aufgaben auf, die die Zusammenarbeit mit anderen erforderlich machen, zum Beispiel das Anberaumen wichtiger Besprechungen, Telefonanrufe, Entscheidungen im Personalbereich etc. Ein auffälliges Merkmal ist häufig auch aufkommender Zynismus, besonders bei Menschen, die für solche Verhaltensweisen in der Vergangenheit kaum anfällig waren.

3. Stark abnehmende Leistungsfähigkeit

Dieses Merkmal tritt meistens erst in einer fortgeschrittenen Phase des Burn-out-Syndroms zutage. Zu Beginn vollziehen viele Betroffene ganz im Gegenteil noch einen zusätzlichen Kraftakt und werden besonders aktiv bis hyperaktiv. Manche sind sogar in der Lage, diese Phase über eine längere Zeit aufrechtzuerhalten, ohne dass sie wirklich abstürzen. Wenn sich allerdings die Leistungsfähigkeit schon stark vermindert hat, dann ist es auch höchste Zeit, dass ein Betroffener aus dem Arbeitsprozess rauskommt oder zumindest sein Arbeitspensum signifikant vermindert. Gleichzeitig duldet die Inanspruchnahme professioneller Hilfe an dieser Stelle keinen weiteren Aufschub mehr.

Ursachen

Festgestellt wird ein Burn-out-Syndrom meistens im Arbeitsumfeld. In der Vergangenheit wurde deshalb die Arbeit auch von der überwiegenden Anzahl der Experten als Hauptursache für die Entwicklung eines Burn-out-Syndroms angesehen. Nach allem, was wir heute wissen, kann dies allerdings zumindest nicht mehr in der Ausschließlichkeit behauptet werden, wie dies vor allem in den Medien und auch vom einen oder anderen Politiker immer noch zu einem großen Teil behauptet wird.

Natürlich darf man auch nicht von der anderen Seite vom Pferd fallen und die Arbeitsbedingungen der real existierenden Arbeitswelt für irrelevant erklären. Das sind sie selbstverständlich nicht. Die Belastungsfähigkeit der Menschen ist nun einmal begrenzt und begrenzt sind beispielsweise auch die Möglichkeiten des Multitaskings (siehe auch Kapitel *Multitasking funktioniert nicht!*, ab Seite 164). Auch Mobbingversuche (Kapitel *Mobbing*, ab Seite 148) frühzeitig zu unterbinden ist ein wichtiger Mosaikstein für eine wirksame Burn-out-Prävention, dem unbedingt verstärkte Beachtung geschenkt werden sollte.

Trotz alledem widerspreche ich entschieden der immer wieder vertretenen Ansicht, dass Burn-out sozusagen schicksalhaft sei und der Einzelne wenig bis nichts gegen eine Gefährdung unternehmen könne. Wenn wir lernen, unsere Ressourcen richtig zu gebrauchen, dann können wir auch unter schwierigen Umständen gesund bleiben.

Stress und Burn-out

»Stress« steht für viele für Energieverlust und Burn-out für einen Totalausfall jeglichen Energiezuflusses. Da liegt es nahe, dass man auch einen unmittelbaren Zusammenhang zwischen der äußeren Stressbelastung und der Entwicklung eines Burn-out-Syndroms annimmt. Doch das ist nur bedingt der Fall.

Zunächst ist es natürlich richtig, dass ein Burn-out-Risiko grundsätzlich steigt, wenn immer nur Energie verbraucht, aber keine neue zugeführt wird. Insofern gibt es diesen Zusammenhang zwischen der gestiegenen Stressbelastung und dem Anstieg der Zahl von Burn-out-Betroffenen.

Aber in der ganzen Sache liegt ein schwerer Denkfehler in der öffentlichen Diskussion. In dieser geht es fast ausschließlich um die körperliche Seite der Belastung und in der Folge auch fast nur um körperliche Aspekte der Vorsorge. Und auch wenn es um den Zusammenhang von Stress und Burn-out geht, bestimmen die körperlichen Aspekte wie (über-)lange Arbeitszeiten und (damit verbunden) zu wenig Erholung und Entspannung die Schlagzeilen.

Die Wichtigkeit dieser Aspekte soll hier nicht in Abrede gestellt werden, schließlich geht es auch in weiten Teilen dieses Buches um dieses Dinge. Wenn wir uns aber wirksam vor einem Burn-out schützen wollen, reichen sie nicht aus.

Um das zu verstehen, müssen wir noch einmal ein Blick darauf werfen, was Burn-out wirklich ist: ein psycho-physischer Erschöpfungszustand. Der Betroffene ist also nicht nur körperlich erschöpft wie bei einer Übermüdung oder einem Vitalstoffmangel. Er hat vor allem keinen Zugriff mehr auf jene Energieformen, die aus seiner Psyche kommen.

Es ist also unumgänglich, dass wir zwei Dinge viel, viel mehr beachten, als dies bisher geschieht.

1. Den psychischen Anteil der Stressbelastung, wie zum Beispiel Mobbing, kaum erreichbare und/oder wenig beeinflussbare Zielvorgaben, mangelhafte Wertschätzung und so weiter.
2. Energiezuflüsse, die aus geistigen Quellen kommen. Dazu gehört als stärkste Quelle der Sinn, den jeder Einzelne in seinem Leben im Allgemeinen und seiner Arbeit im Speziellen sieht, seine Werte, seine Lebensphilosophie(n) und Glaubenssätze, sein Selbstbewusstsein, das Beziehungsnetz und anderes mehr.

Kurz und knapp: es gibt zwar einen Zusammenhang zwischen Burn-out und körperlicher Stressbelastung im Sinne der quantitativen Belastung (Zahl der Arbeitsstunden). Der Mensch ist eben nicht unendlich belastbar. Wenn wir bei der Burn-out-Prävention aber weiterhin unseren Blick in der Ausschließlichkeit auf die Reduktion der Arbeitszeiten und auf körperliche Aspekte legen, wie das heute geschieht, werden wir keine nennenswerten Fortschritte erzielen. Die sind nur zu haben, wenn wir Bereiche wie insbesondere die ersten beiden Punkte des hier vorgestellten Programms (»Sinn, Werte, Ziele« und »Informationen, Selbstgespräche, Sprache und Gefühle«) mit deutlich höherer Konsequenz und Fokussierung in Angriff nehmen, als dies bisher geschieht.

Die Grundlagen des Stressmanagements: Sinn, Werte, Ziele

Sie wundern sich vielleicht gerade, warum ich die von Peseschkian aufgeführte Reihenfolge ignoriert und insbesondere den Bereich Sinn an den Anfang gestellt habe. Das hat mehrere Gründe. Da sind zum Beispiel die Erkenntnisse in Zusammenhang mit dem gerade besprochenen Burn-out-Syndrom. Da wird in den allermeisten Umfragen unter Direktbetroffenen als erster Indikator angeführt, dass sie das Gefühl für den Sinn ihres Lebens im Allgemeinen und den Sinn ihrer Arbeit im Speziellen verloren hätten. Auf den Punkt gebracht: Sie können auf einen gesunden Lebensstil achten, zum Beispiel sich gesund ernähren, regelmäßig Sport treiben, genügend schlafen und auch Ihre Beziehungen pflegen. Wenn Sie Ihr Leben letztlich als sinnlos erleben, wird Sie all das vor einem Burn-out nicht wirklich schützen können. Aber auch darüber hinaus ist dieser Bereich von kaum zu überschätzender Bedeutung.

»Sinn« ist schlicht der größte und wirkungsvollste Energielieferant im Leben eines Menschen. Nichts verschafft mehr Kraft und Dynamik, als wenn er seine Tätigkeit, was immer diese auch sein mag, als Aufgabe erkennt, am besten eine, die über seine eigene Existenz hinausweist. Mit dieser Kraftquelle ist wirklich nichts vergleichbar. Wer darauf verzichtet, kann die Belastungsfähigkeit eines Menschen, der sein Leben als sinnvoll erlebt, nicht erreichen, auch wenn er körperlich noch so stark ist. Das ist schlicht und ergreifend eine andere Liga.

Was dies ganz praktisch bedeuten kann, hat mir vor vielen Jahren der heutige Vizepräsident des Bundes Deutscher Radfahrer, der ehemalige Kunstradfahrer Harry Bodmer, gezeigt, den ich damals begleitet habe. In einem längeren Telefonat kurz vor der Weltmeisterschaft 1991 erklärte er mir, dass er zwar Weltmeister werden wolle, aber letztlich »nur« sein Bestes geben könne und den Rest Gott überlassen würde. Große

Worte, gelassen ausgesprochen. Wenn alles gut läuft, kann man diese relativ leicht sagen. Aber was, wenn es schiefläuft? Könnte er die Gelassenheit dieser Worte dann auch mit Leben füllen?

Bei der WM im tschechischen Brno lief es zunächst schief und zwar richtig. Bei einer »eigentlich« recht leichten Übung konnte Harry das Gleichgewicht nicht halten und stürzte. Bei allen Kunstradweltmeisterschaften, die ich erlebte (immerhin zwölf mit insgesamt achtundvierzig Wettbewerben) war ein Sturz das Ende des Weltmeistertraums, meistens auch jeglicher Medaillenträume. Nicht aber 1991 in Brno. Die gleiche Gelassenheit, die er einige Wochen zuvor am Telefon zeigte, bewies er jetzt auch in der Krise. Mit unfassbarer Ruhe absolvierte er den Rest des Programms unter großem Zeitdruck (die vorgegebene Zeit von sechs Minuten durfte nicht überschritten werden) und holte sich zur Überraschung aller zum dritten Mal den Weltmeistertitel. Die Gelassenheit, dass er auch in Schwierigkeiten einen Sinn (»alles von Gott annehmen«) erkennen konnte, war ihm dabei zweifelsohne eine große Hilfe.

Sinn

»Ich will nicht umsonst gelebt haben, wie
die meisten Menschen.«

Anne Frank

Als sich Sigmund Freud mit der Frage befasste, was der stärkste Antrieb, die größte Energie für einen Menschen sei, postulierte er einen Willen zur Lust, eine Meinung, die er bis zu seinem Lebensende mit großer, keinen Widerspruch duldenden Vehemenz vertrat. Etwas später hatte Alfred Adler, der Begründer der Individualpsychologie, entgegengehalten, dass es vielmehr ein »Wille zur Macht« sei, der die stärkste Energiequelle für einen Menschen darstelle. »Nein«, sagte der große Psychologe Viktor E. Frankl, wie die anderen zwei ebenfalls aus Wien stammend und derjenige von den dreien mit der größten praktischen Erfahrung, auch dazu: »Der ›Wille zur Macht‹ und der ›Wille zur Lust‹, das Lustprinzip, treten nun eigentlich erst dann in Erscheinung, wenn der Wille zum Sinn frustriert ist.«[14]

Frankl hat diese Erkenntnis im Wesentlichen schon vor dem Zweiten Weltkrieg gewonnen, dann aber in den Konzentrationslagern des Dritten Reiches auf dramatische Weise vielfach bestätigt gefunden. Und Bestätigungen für seine These gab es auch in der Nachkriegszeit zuhauf und sind heute ganz besonders in der Burn-out-Forschung nicht zu übersehen.

Frankl hat stets betont, dass ein Sinn übergeordnet sein und über den Menschen hinausweisen müsse. Das kann eine große Idee, eine Menschheitsaufgabe (zum Beispiel die Besiegung der Armut oder des Hungers) oder auch ein Gott sein. Grundsätzlich geht es aber einfach nur darum, dass der gewählte Sinn mehr beinhaltet als nur das eigene Wohlergehen und auch anderen Menschen einen (wie auch immer gearteten) Nutzen bringt.

Die Bedeutung dessen, dass ein Sinn über die eigene Person hinausweisen muss, wenn er wirklich eine mächtige Energiequelle sein soll, kann man gut an der Aussage »Mein Sinn des Lebens ist, möglichst viel Spaß zu haben« festmachen, die ich schon häufig zu hören gekriegt habe. Das kann zwar eine gewisse Energiequelle sein, solange der Spaß eben da ist. Genauso kann Materielles eine gewisse Zeit lang eine Triebfeder sein, ein Haus, schöne Reisen oder was auch immer. Was aber, wenn Spaß und materielle Dinge gefährdet oder nur sehr eingeschränkt oder gar nicht erreichbar sind? Solche kleinen und großen Krisen können schließlich schnell passieren. Den Spaß an der Arbeit kann einem ein ewig nörgelnder Chef oder Kollege schon ziemlich schnell verderben und die Freude an Materiellem kann auch schnell vorbei sein, wenn man zum Beispiel arbeitslos wird oder sich dem Heer der Menschen anschließen muss, das Jahr für Jahr in die Insolvenz geht. Und nicht wenige erleben im Laufe ihres Lebens, dass ihnen ab einem gewissen Punkt der Spaß um des Spaßes willen und auch die Freude an materiellen Dingen einfach nicht mehr das bedeuten, was sie ihnen mal bedeutet haben. In all diesen Fällen wird dann schnell klar, dass sich eine Sinn-Definition, die sich nur an Äußerlichkeiten orientiert hat, nicht weiterhilft, vor allem weil sie in keinster Weise krisenfest ist.

Umgekehrt hat derjenige, der insbesondere seine Arbeit im Ganzen als sinnhaft erlebt, gerade in der Krise und bei schweren Schicksalsschlägen riesige Vorteile. »Wer ein Warum zu leben hat, erträgt fast jedes Wie«, sagte Friedrich Nietzsche einst dazu, ein Zitat, das auch Viktor E. Frankl gerne verwendet hat.

Eines der beeindruckendsten Lebensbeispiele dafür liefert der britische Astrophysiker Stephen Hawking. Im Alter von einundzwanzig Jahren wurde bei ihm eine degenerative und unheilbare Nervenerkrankung, Amyotrophe Lateralsklerose (ALS), diagnostiziert und die Ärzte gaben ihm nur noch wenige Lebensjahre. Doch die spezielle Form seiner Erkrankung war und ist durch einen extrem langen Krankheitsverlauf gekennzeichnet, sodass der Mann, der dreißig Jahre lang den Lehrstuhl innehatte, auf dem Sir Isaac Newton berühmt wurde, zu Jahresbeginn 2012 seinen siebzigsten Geburtstag feiern konnte.

Hawking ist seit 1968 auf einen Rollstuhl angewiesen und seit einem Luftröhrenschnitt siebzehn Jahre später kann er auch nicht mehr sprechen. Seither benötigt er zur Kommunikation einen Sprachcomputer, den er zunächst mit seinem rechten Wangenmuskel und später mit seinen Augen steuerte.

Jeder würde es verstehen, wenn Hawking zutiefst deprimiert über seine Situation wäre. Stattdessen macht er darüber Witze (»Wenigstens komme ich nicht in Versuchung, meine Zeit mit joggen oder Golf spielen zu vertrödeln«) und ist tatsächlich überzeugt davon, dass er im Leben »großes Glück« gehabt habe, privat wie beruflich. Er hat den Sinn seiner Existenz in der Forschung gefunden, in der Klärung ungelöster Fragen der Menschheit.

Ein anderes beeindruckendes Beispiel ist der Australier Nick Vujcic. Er fällt mir als Erstes ein, wenn ich an einen Menschen denke, dessen Leben von Dynamik und übersprühender Lebensfreude gekennzeichnet ist. Das Erstaunliche dabei: Nick Vujcic ist schwerstbehindert und lebt sein Leben seit Geburt ohne Arme und ohne Beine.

Dass er dies immer schon positiv annehmen konnte, macht er keinem vor. In einem seiner Videos sagt er: »... als ich acht Jahre alt war, habe ich mein Leben wie folgt zusammengefasst: ich werde niemals heiraten; ich werde keinen Job finden; ich werde kein Leben haben, das irgendeinen Sinn macht. Was für ein Ehemann könnte ich schon sein, der nicht einmal die Hand seiner Frau halten kann? Der Junge sah sein

Leben als wert- und sinnlos an und versuchte, sich in der Badewanne zu ertränken, was misslang.

Vujcic »ging« weiter und blieb bei dieser Erkenntnis als Achtjähriger nicht stehen. Er fährt fort: »Aber ich habe erkannt, ich habe vielleicht keine Hände, um die Hand meiner Frau zu halten, aber wenn die Zeit gekommen ist, werde ich ihr Herz halten. Ich brauche keine Hände, um ihr Herz zu halten.« Im Jahr 2012 hat er dann auch tatsächlich geheiratet.

Doch schon Jahre zuvor hat er sich auch die Frage nach dem Sinn seines Lebens beantwortet. Er fand es darin, sein Leben als Geschenk Gottes anzunehmen und andere Menschen darin zu ermutigen, dies ebenfalls zu tun. Zu ermutigen dadurch, dass er selbst ein Leben voller Dankbarkeit und Lebensfreude lebt und viele Menschen damit inspiriert. In den vergangenen zehn Jahren hat er zu über drei Millionen Menschen gesprochen und weitere Millionen haben seine Botschaften über den Videokanal Youtube vernommen. Vor diesen äußeren Wirkungen stand aber die Erkenntnis, dass sein Leben auch ohne Arme und Beine einen Sinn hat.

Worin bestünde Ihr Lebenssinn, wenn Sie eines Tages nicht mehr jeden Morgen zur Arbeit fahren könnten? Gibt es etwas, was Ihrer Arbeit Sinn verleiht, auch über das bloße Geldverdienen hinaus? Und was ist, wenn Sie einmal in Rente gehen? Was ist dann Ihr Lebenssinn?

Wir sollten nicht den Fehler machen und denken, dass diese Fragen erst in irgendeiner fernen Zukunft relevant werden. Sie sind es bereits heute, im Hier und Jetzt. Wer ein »Warum« in seinem Leben hat, ist deutlich belastungsfähiger, wer es nicht hat beziehungsweise verloren hat, dem fehlt diese Belastungsfähigkeit. Leute, die auch ihre Arbeit als sinnhaft erleben, haben ein Zusatzbenzin, das sie auch eine Anzahl an Arbeitsstunden unbeschadet durchstehen lässt, die andere schon längst an den Rand ihrer Leistungsfähigkeit oder darüber hinaus geführt hätte.

Auf der Suche nach Sinn

»Wie aber finde ich nun den Sinn meines ganz persönlichen Lebens?« werden Sie fragen. Kaum jemand ist heute noch bereit, Sinnvorgaben, wie sie in früheren Zeiten etwa Staat und Kirche (oder auch andere Institutionen) vorgegeben haben, für sich einfach so zu übernehmen. Der moderne Mensch hat sich innerlich von diesen Einrichtungen längst abgenabelt, auch dann, wenn er formal noch dazugehört. Die andere Seite der Medaille ist nun allerdings, dass er sich selbst auf die Suche nach dem Sinn seines Lebens machen muss.

Eine einfache Aufgabe ist dies nicht, aber eine, die sich lohnt. Das hat vor einiger Zeit auch eine von mir gecoachte junge Frau erlebt. Sie war Berufsreiterin und stand wenige Monate vor ihrer Meisterprüfung. Leider war ihr Selbstbewusstsein nicht das allerstärkste, sodass sie trotz ihres großen Talents in Prüfungen und Wettkämpfen oft nicht das zeigen konnte, was in ihr steckte. In einer Coaching-Sitzung stellte ich ihr dann eine Aufgabe, die sie zunächst etwas die Augen verdrehen ließ. Ich sagte ihr, Sie solle sich zunächst einmal im Geiste in die Zukunft »beamen«, genau ein halbes Jahrhundert weit. Es ist die Feier zum fünfzigjährigen Jubiläum ihrer Meisterprüfung. Nun sollte sie eine Laudatio auf sich selbst nach fünfzig Berufsjahren schreiben. »Schreiben Sie auf, was Sie da gerne hören möchten«, forderte ich sie heraus.

Es ging mir darum, dass sie lernt, ihr Leben, und hier in erster Linie ihr Berufsleben, vom Ziel her zu denken und in der Folge natürlich auch zu leben. Und natürlich war mir klar, dass sie sich damit auch mit der Sinnhaftigkeit ihrer Berufstätigkeit auseinandersetzen musste und den Werten, nach denen sie sich ausrichten will.

Als wir einige Wochen später noch einmal abschließend über diese Übung gesprochen haben, meinte sie, dass sie sich mit der Aufgabe zunächst ja schon ziemlich schwergetan hätte. Sie hätte sich aber auch in hohem Maße gelohnt. Sie fasste ihre Erfahrungen mit den Worten zusammen: »Herr Frey, ich bewege mich jetzt ganz anders im Stall, anders auf dem Arbeitsplatz, anders beim Wettkampf. Ich habe ein ganz neues Selbstbewusstsein gewonnen.«

Eine ähnliche Erfahrung habe ich viele Jahre zuvor selbst im Studium gemacht. Da saß ich zusammen mit gut zwei Dutzend anderen Studenten in einem Seminarraum und wartete auf die Semesterferien, die direkt nach der gerade laufenden Vorlesung beginnen sollten. Der Dozent hat uns damals herausgefordert, uns in den Semesterferien Gedanken über folgende Aufgabe zu machen:

»Überlegen Sie sich mal, was Sie wollen, das die Leute an Ihrem Grab über Sie sagen«, meinte er. »Wie bitte?«, dachte ich. Ich war Mitte zwanzig, topfit und mein Interesse, mich mit dem Tag zu beschäftigen, wenn mein Bett einen Deckel bekommt, nicht gerade ausgeprägt. Doch schon bald merkte ich, dass es dem Dozenten offensichtlich gar nicht um den ominösen Tag X geht, sondern um all die Tage, die mir bis dahin noch gegeben sind. Denn was die Leute am Grab über einen Toten sagen, orientiert sich im Wesentlichen am Sinn, den sein Leben gehabt hat und an den Werten, an denen er sich orientiert hat. Das wird auch bei mir nicht anders sein und zum Glück ist mir dieser Zusammenhang schon damals klar geworden.

Den-Stress-im-Griff-Tipp Nr. 2
Schreiben Sie sich Ihre Grabrede auf. Schreiben Sie auf, was bei Ihrer Beerdigung über Sie gesagt werden soll, was Sie in Ihrem Leben getan (und vielleicht auch gelassen) haben; kurz, was Ihr Leben sinn- und wertvoll machte.

Es geht natürlich nicht darum, dass damit jemandem die Arbeit am Tag, wenn Ihre Kiste in die Grube fährt, abgenommen werden soll. Obwohl das auch eine Stressmanagement-Maßnahme erster Güte wäre. Wie sagte es der amerikanische Komiker Jerry Seinfeld einmal? »Die meisten Menschen würden lieber in einem Sarg liegen als die Trauerrede davor halten zu müssen.« Damit brachte er auf den Punkt, dass laut Umfragen tatsächlich viele Menschen mehr Angst davor haben, öffentlich reden zu müssen, als dass sie Angst vor dem Tod haben.

Zurück zu unserem Tipp. Es geht also darum, dass Sie Ihr Leben vom Ziel her denken und sich mit der Grabrede eine Art Kompass schaffen, ein Leitbild, das Ihr Leben prägen soll. Ich selbst habe mir die Grabrede Jahre später präzise ausformuliert und lese sie auch heute noch regelmäßig durch. Dadurch überprüfe ich, ob ich noch »auf Kurs« bin und gewinne die Stärke, die ich gerade in stürmischen und unsicheren Zeiten so sehr benötige. Wenn Ihnen das mit der Grabrede zu makaber erscheint, können Sie stattdessen auch eine Laudatio schreiben, zum Beispiel eine auf Ihren achtzigsten, neunzigsten oder hundertsten Geburtstag.

Es gibt nichts, wirklich nichts, was einem Menschen eine größere Energie verleihen kann, als wenn er in der Lage ist, sein Leben vom Ziel her zu denken, das heißt, wenn er eine persönliche Vision seines Lebens entwickelt hat. Eine solche Vision verleiht eine Stärke, die mit nichts vergleichbar ist.

Meine persönlich stärksten Möglichkeiten, das, was ich denke und fühle, auszudrücken, liegen im geschriebenen und gesprochenen Wort. Aber natürlich sind das längst nicht die einzigen Ausdrucksformen, die Menschen haben. Vielleicht haben Sie ja ganz andere, eher künstlerische Begabungen. Vielleicht können Sie im Gegensatz zu mir, Ihre Bilder nicht nur mit Worten, sondern tatsächlich mit Stift und Pinsel malen.

Den-Stress-im-Griff-Tipp Nr. 3   TIPP

Malen Sie ein Bild von Ihrer Lebensvision, am besten eines, das alle vier Lebensbereiche einschließt, von denen wir im Kapitel *Balance bringt's*, ab Seite 35, gesprochen haben (Körper, Arbeit/Leistung, Beziehungen und Sinn). Oder erstellen Sie eine Fotocollage, drehen Sie ein Video, was auch immer. Ihrer Fantasie sind keine Grenzen gesetzt.

Bilder jeglicher Art haben eine unerhört starke motivierende Kraft. Sie haben das Potenzial, sich noch stärker als bloße Worte tief in unser Gehirn einzubrennen und unsere Persönlichkeit, unseren Charakter zu prägen (Charakter = »das Eingravierte«!).

Sinn und Arbeit

Ein spezielles Thema in Zusammenhang mit dem Sinn ist der Sinn unserer Arbeit. Er ist ein zentraler Baustein unseres Lebens und hat als solcher hohe Bedeutung für unser Identitätsbewusstsein.

Wenn nun ein Unternehmen von seinen Mitarbeitern »nur« erwartet, dass sie mit ihrer Arbeit den Unternehmensgewinn zu mehren helfen, dann hat ein solches Unternehmen ein großes Problem, ein Motivationsproblem. Nur den Geldspeicher des Alten zu füllen, hat schon bei Donald Duck nicht funktioniert, der nie einsehen wollte, wieso er sich für seinen Onkel Dagobert seinen Entena... aufreißen sollte. Er hätte sich damit in jene 85 Prozent der Berufstätigen eingereiht, die laut Gallup-Studie 2012 in ihrer Arbeitsmotivation irgendwo zwischen Dienst nach Vorschrift und innerer Kündigung schwanken.

Die Arbeit ist heute für viele Menschen sehr kleinteilig geworden und der spezifische Beitrag des einzelnen Mitarbeiters zum großen Ganzen kaum noch erkennbar. Selbst für Menschen, die die Sinn- und Wertvorstellungen, die in ihrer Firma gelten, teilen, haben es daher zuweilen schwer, in ihrer eigenen Arbeit einen Sinn zu sehen.

Um trotzdem einen Sinn mit der eigenen Arbeit zu verbinden, gibt es eine bewährte Möglichkeit unter dem Motto: »Wenn Sie etwas für sich tun wollen – tun Sie etwas für andere!« Was ist gemeint?

TIPP **Den-Stress-im-Griff-Tipp Nr. 4**
Verbinden Sie einen bestimmten Prozentsatz Ihres Einkommens mit der Spende für einen guten, möglichst konkreten Zweck. Besonders hilfreich, in doppelter Hinsicht: eine Patenschaft, wie sie beispielsweise beim Hilfswerk WorldVision möglich ist.

Damit schaffen Sie eine unmittelbare emotionale Verbindung zwischen Ihrer Erwerbsarbeit und einem sinnvollen Projekt. Wichtig ist dabei, dass nicht der Betrag, sondern ihr gewählter Prozentsatz fest ist. Damit wird diese Verbindung noch deutlicher.

Auch als Unternehmer können Sie eine solche Verbindung zwischen dem Unternehmenserfolg und einem sozialen Projekt herstellen, indem Sie einen bestimmten Prozentsatz des Unternehmensgewinns zur Verfügung stellen. Dazu gehört natürlich eine entsprechende interne Kommunikation in der Mitarbeiterschaft, am besten mit der für die Mitarbeiter verbundenen Möglichkeit, sich auch persönlich zu beteiligen.

Werte

Eng mit dem persönlichen Lebens- und Arbeitssinn verbunden sind die persönlichen Werte. Wenn Sie Ihre persönlichen Werte immer wieder missachten, schaden Sie nicht »nur« ihrer persönlichen Glaubwürdigkeit, insbesondere auch der Glaubwürdigkeit vor sich selbst. Sie verlieren dadurch auch Ihre innere Stärke und außerdem steigt auch Ihr Burn-out-Risiko stark an.

Was für eine Bedeutung geklärte Werte haben, wird schon bei jeder Entscheidung offensichtlich. Denn jede Entscheidung ist eine Wahl zwischen zwei oder mehreren Werten. Das ist bei der Berufswahl der Fall, wo zum Beispiel Werte wie finanzielle Möglichkeiten, Karrierechancen, die Liebe zu einer bestimmten Tätigkeit und anderes mehr miteinander konkurrieren. Bei Menschen sind es die Wahl zwischen äußeren Werten wie körperliche oder finanzielle Attraktivität und inneren Werten wie

Verlässlichkeit, beim Kauf von materiellen Gütern wieder andere Dinge und so weiter. Immer entscheiden Sie nach Ihren Werten, nach dem, was Ihnen wirklich wichtig ist.

Oft wurde in den vergangenen Jahren und Jahrzehnten von einem »Werteverlust« gesprochen, andere entgegnen, dass wir es bloß mit einem »Wertewandel« zu tun hätten, die Werte seien nur andere.

Persönlich zweifle ich letztgenannte Aussage stark an. Und in einem bestimmten Sinne haben wir es auf jeden Fall mit einem Werteverlust zu tun, oder besser gesagt, mit einem Wertebewusstseinsverlust. Nach meiner Wahrnehmung haben nämlich immer mehr Menschen große bis größte Schwierigkeiten, ihre Werte klar zu benennen. Meistens können sie zwar sagen, was sie nicht wollen, aber die positive, präzise Formulierung, was sie wollen, fällt vielen doch sehr schwer. Und noch weniger sind sie in der Lage, ihre Werte in eine Rangliste zu bringen, das heißt, zu benennen, welche Werte ihnen am wichtigsten, welche am zweitwichtigsten sind, und so weiter.

Wer dies nicht kann, hat Entscheidungsstress ohne Ende. Dies gilt nicht nur für berufliche Entscheider, für die natürlich in besonderem Maße. Aber auch alle anderen werden stark und zunehmend am Stress, Entscheidungen treffen zu müssen, leiden, und zwar deutlich mehr als diejenigen, die ihre Werte klar bestimmt haben.

Den-Stress-im-Griff-Tipp Nr. 5

TIPP

Wählen Sie sich aus der folgenden Werteliste zehn bis maximal fünfzehn Werte aus und unterstreichen Sie die ausgewählten Begriffe. Wählen Sie die Werte aus, die für Sie wirklich alltagsrelevant sind. Versuchen Sie, sich an diese Beschränkung zu halten.

A	Abenteuer	Akzeptanz	Ausdauer
	Abgrenzung	Anpassung	Ausgeglichenheit
	Achtsamkeit	Antriebskraft	Aufrichtigkeit
	Ästhetik	Attraktivität	Autonomie
	Aktivität	Aufgeschlossenheit	Autorität
B	Barmherzigkeit	Bekanntheit	Beziehungen
	Begeisterung	Beliebtheit	Bildung
	Behaglichkeit	Beständigkeit	Brillanz
	Beharrlichkeit	Beweglichkeit	
C	Charisma	Charme	Christ sein
D	Demut	Direktheit	Disziplin
	Dominanz	Durchhaltevermögen	
E	Echtheit	Ehrgeiz	Einfachheit
	Energie	Entscheidungsfähigkeit	Erfolg
	Erfüllung	Essen	Ethisches Handeln
F	Fairness	Familie	Freundlichkeit
	Fleiß	Freiheit	
	Frieden	Fitness	
G	Gastfreundschaft	Geduld	Gelassenheit
	Gerechtigkeit	Gesundheit	Glaube
H	Harmonie	Hartnäckigkeit	Herausforderungen
	Hilfsbereitschaft	Höflichkeit	
I	Idealismus	Intelligenz	Integrität

K	Kinder	Kirche	Korrektheit
	Kraft	Kreativität	Kunst
L	Lebensfreude	Leidenschaft	Leistung
	Lehren	Lernbereitschaft	Liebe
	Lösungsorientierung	Logisches Denken	
M	Macht	Menschlichkeit	Mitleid
	Moral	Musik	Mut
N	Nachhaltigkeit	Nachdrücklichkeit	Nähe
	Natur	Neugierde	
O	Objektivität	Optimismus	Ordnung
P	Partnerschaft	Perfektionismus	Pflicht
	Präzision	Pünktlichkeit	
R	Reichtum	Respekt	Ruhe
S	Sanftmut	Sicherheit	Spitzenleistung
	Selbstlosigkeit	Sinn	Stärke
	Selbstvertrauen	Sorgfalt	Status
	Sexualität	Spaß	Stolz
T	Takt	Tatkraft	Toleranz
U	Überlegenheit	Überzeugungskraft	Unternehmergeist
V	Vergebung	Vertrauen	Verständnis
	Verschwiegenheit	Verstand	Vitalität
W	Wahrhaftigkeit	Weisheit	Weitblick
Z	Zielorientierung	Zivilcourage	Zufriedenheit
	Zuverlässigkeit		

Diese Liste kann für sie ein echter Schatz sein. Schon alleine das Erkennen, welche Werte einem wirklich im Alltag wichtig sind, ist eine wichtige und zentrale Hilfe beim Umgang mit Entscheidungsstress. Damit sie aber ihre volle Wirksamkeit entfalten kann, müssen Sie aus Ihrer Werteliste eine Rangliste machen. Dazu dient folgender Tipp.

Den-Stress-im-Griff-Tipp Nr. 6

Schreiben Sie nun auf, welcher Wert Ihnen am wichtigsten, welcher am zweitwichtigsten ist und so weiter. Erstellen Sie also Ihre ganz persönliche Werte-Rangliste.

Da wo Sie sich unsicher sind, stellen Sie sich eine konkrete Situation (die Sie nicht selbst erlebt haben müssen) vor, in der der Wert missachtet wird. Wie geht es Ihnen dabei? Empfinden Sie die Situation emotional als nicht aushaltbar oder lediglich als »daneben«, als unpassend?

Kreuzen Sie diese Werte nicht nur im Buch an, sondern machen Sie ein eigenes Dokument, das Sie in die Innentasche Ihres Anzugs oder sonst wohin stecken, worauf Sie immer Zugriff haben. Lesen Sie sie regelmäßig durch, dann wird sie zu einem echten Stabilitätsfaktor bei Ihrem Umgang speziell mit Entscheidungsstress.

Ziele

»Seit wann locken Mittel? Löffel oder Gabel?
Ziele locken!«

Günther Anders

Im Moment, da ich diese Zeilen schreibe, ist Silvester noch nicht allzu lange vorbei. Der Tag also, an dem traditionellerweise »gute Vorsätze« gefasst werden. Der eine will mehr Sport treiben, die andere mit dem

Rauchen aufhören, weitere wollen fünf Kilo abspecken und so weiter. Zum Jahreswechsel 2012/2013 war übrigens zum ersten Mal »weniger Stress« an der Spitze der guten Vorsätze zu finden.

Häufig haben diese Vorsätze eine nur sehr geringe Halbwertszeit und werden spätestens in der zweiten Januarwoche entsorgt. Das liegt vor allem daran, dass diese guten Vorsätze in der Regel eben keine Ziele sind und daher den Keim des Misserfolgs schon in sich tragen. Dieser Misserfolg lässt das Selbstbewusstsein dann wieder ein wenig mehr bröckeln und die Fähigkeit, mit einer stressigen Situation souverän umzugehen ...

Statt Vorsätze zu SMARTen Zielen finden

Der Unterschied von guten Vorsätzen zu Zielen ist fundamental. Vorsätze sind meistens relativ unkonkret und vor allem verbindet sich mit ihnen nur selten eine starke innere Handlungsverpflichtung. Demgegenüber ist ein klares, präzises Ziel wie ein Leuchtturm, der Ihnen in der Dunkelheit den Weg weist.

Doch bei der Zielformulierung, sei es nun wie hier zur Alltagsbewältigung und für ein besseres Stressmanagement, sei es im Unternehmen für die Organisation der eigenen Arbeiten oder gar ganzer Bereiche und Abteilungen, sind ein paar Grundsätze zu beachten. Grundsätze, die primär der Zielforschung der Wirtschaftswissenschaften entspringen und seit Jahren bekannt sind. Leider werden sie in der Praxis allzu oft missachtet und nicht angewendet.

Eine der Basisvokabeln aus dem Projektmanagement ist die Forderung, dass Ziele »SMART« sein sollen. »SMART« ist nicht nur der englische Begriff für »clever, geschickt«, sondern steht auch als Abkürzung für folgende Grundanforderungen die gute, das heißt wirkungsvolle Ziele haben sollten:

S = Spezifisch

Formulieren Sie möglichst präzise und konkret, was Sie erreichen wollen (und verzichten Sie darauf, zu schreiben, was Sie nicht wollen!).

M = Messbar

Konkret heißt auch, dass Ihr Ziel überprüfbar sein muss. Wenn Sie also abnehmen wollen, dann schreiben Sie genau auf, wie viele Kilo es sein sollen, wenn Sie »ein besserer Vater« sein wollen, dann machen Sie konkret fest, wie viel Zeit Sie mit Ihren Kindern verbringen beziehungsweise welche Aktivitäten Sie mit ihnen in einem bestimmten Zeitraum unternehmen wollen.

A = Aktionsorientiert

Welche konkreten Aktionen wollen Sie zum Erreichen Ihres Ziels unternehmen? Schreiben Sie auch das auf. Um beim Gewichtsziel zu bleiben, könnte das zum Beispiel heißen: »Ich verbanne Süßigkeiten aus meinem Auto« oder »Ich verzichte ab sofort auf zuckerhaltige Getränke«.

R = Realistisch

Ziele sollen ausreichend hoch angesetzt sein. Zu niedrig formulierte Ziele vermögen uns kaum, zusätzliche Energie zu verleihen. Andererseits sollten sie auch realistisch sein, sonst wächst nur der Frust und Sie bohren sich sozusagen selbst ein Loch in Ihren Energietank.

T = Terminiert

»Ein Ziel ist ein Traum mit Deadline« hat einmal einer gesagt. Legen Sie aber nicht nur fest, bis wann Sie Ihr Gesamtziel erreicht haben wollen. Setzen Sie sich auch Zwischenziele, mit denen Sie Ihre Fortschritte überprüfen können. Außerdem: nichts motiviert mehr für den weiteren Weg als die schon erreichten Erfolge!

Zielorientierte oder Ziellose: Wer ist gestresster?

In meinen Seminaren und sonstigen Veranstaltungen frage ich oft, ob die Teilnehmer eher denken, dass zielorientierte Menschen gestresster sind oder ob sie denken, dass Menschen, die eher nach dem kölschen Motto »Et kütt wie et kütt« (es kommt, wie's halt kommt) durch ihr Leben gehen, gestresster sind. Interessanterweise gehen jeweils die meisten davon aus, dass weniger zielorientierte gestresster sind, während in der Gesamtbevölkerung eher die gegenteilige Meinung vertreten wird.

Gute Gründe haben beide. Zunächst hat der Zielorientierte ja tatsächlich mehr Stress, schließlich ist das Streben nach einem Ziel immer auch mit Anstrengungen und damit auch einer mehr oder weniger großen Portion an Stress verbunden. Aber es ist eben ein gerichteter Stress, ein Stress, der hilft, die Kräfte zu bündeln, um sich nicht zu verzetteln und damit das Ziel zu gefährden.

Mit dieser Konzentration der Kräfte ist das Ziele setzen eben gleichzeitig auch eine Maßnahme im Rahmen eines effektiven Stressmanagements. Deutlich wird das gerade, wenn wir die Ziellosen etwas näher betrachten. Die sind ja in der Regel keineswegs faul. Aber sie haben eben keinen Maßstab, an dem sie sich in ihren Entscheidungen, das eine zu tun und das andere zu lassen, orientieren können. Sie sind sehr häufig wie Blätter im Wind, die von all den Möglichkeiten, die ein Leben im 21. Jahrhundert so bietet, bald hierhin, bald dorthin gepustet werden. Nie finden Sie den richtigen Wind, jenen Wind, der sie wirklich voranbringt.

Allerdings gibt es eine Gruppe der Zielorientierten, die zwar nicht unbedingt ein höheres Stress- dafür aber ein höheres Burn-out-Risiko trägt. Das mag zunächst etwas widersprüchlich erscheinen, es wird aber gleich klar, warum das so ist. Es handelt sich dabei nämlich um die Gruppe derjenigen, die nur in einem einzigen Lebensbereich zielorientiert sind, die womöglich nur ein einziges, wenn auch großes Ziel haben. Wenn nun dieses Ziel endgültig oder auch nur vorübergehend nicht mehr verfolgt werden kann, dann gerät das ganze Leben in Schieflage und Sinnlosigkeitsgefühle machen sich in einem Betroffenen sehr schnell breit. Besonders deutlich wird dieser Vorgang jeweils bei langzeitverletzten Spitzensportlern. Diejenigen, die nie andere als sportliche Ziele hatten und dafür auch Beziehungen, Bildungsaktivitäten und anderes mehr geopfert haben, können da schnell in eine Unzufriedenheitsspirale geraten, die auch in eine Depression beziehungsweise einen Burn-out münden kann. Umgekehrt sind diejenigen, die in einem starken Beziehungsnetz aufgehoben sind und auch noch andere Ziele (wenn auch nicht mit gleicher Intensität, schon klar) verfolgt haben, innerlich deutlich gefestigter, mit allen Vorteilen, die dies auch für den Heilungsverlauf hat.

Ähnliches gilt für den Geschäftsmann, der immer nur für sein Unternehmen (und nur für dieses) gelebt hat und sich eines Tages, aus welchen Gründen auch immer, davon trennen muss. Oder die Mutter, die immer nur für die Kinder da war, keine eigenen Ziele verfolgte und plötzlich merkt, dass die Kinder sie nun nicht mehr so brauchen und flügge geworden sind. Oder die Führungskraft, die nur die Karriere im Blick gehabt hat und nun plötzlich arbeitslos geworden ist.

Das sind natürlich für jeden, nicht nur für den einseitig zielorientierten, einschneidende biografische Erlebnisse. Für den, der aber stets nur diesen einen Lebensbereich im Blick gehabt hat, wird es nun deutlich härter, die Krise zu meistern. Von daher liegt der nun folgende siebte Tipp auf der Hand.

TIPP

Den-Stress-im-Griff-Tipp Nr. 7
Setzen Sie konkrete, messbare Ziele in allen (!) im Kapitel *Balance bringt's* vorgestellten vier Lebensbereichen (Körper, Arbeit/Leistung, Beziehungen, Sinn) und schreiben Sie sie auf! Achten Sie auf das SMART-Prinzip.

Auf diese Weise kriegen Sie eine echte Ausgeglichenheit in Ihr Leben. Diese Balance verschafft Ihnen eine hilfreiche Stabilität, der Ihr Lebenshaus auch dann standhalten lässt, wenn Sturm und Wetter aufziehen.

Zwischenziele setzen ... und sich belohnen

Manche Ziele sind sehr groß und nur über Jahre konzentrierter Arbeit erreichbar, zum Beispiel ein Studienabschluss, ein Olympiasieg oder ein berufliches Großprojekt. Hier ist es wichtig, dass Sie sich unbedingt auch Zwischenziele setzen, sonst ist die Gefahr, dass Sie Ihr Ziel aus den Augen verlieren, riesengroß. Und ein verlorenes Ziel ist fast immer auch ein unterbrochener Energiezufluss, weil nur selten neue Ziele an die Stelle von alten treten, wenn man diese einfach »nur« aus den Augen verloren hat.

Wenn Sie zum Beispiel zu Beginn des Jahres ein persönliches Groß-projekt wie »fünfzehn Kilo weniger bis zum 30. September« ansetzen, dann sollten Sie sich schon nach fünf und nach zehn Kilo kleine Zwischenbelohnungen setzen. Vielleicht nicht gerade eine Sahnetorte, aber vielleicht ein tolles Buch, ein Theaterbesuch oder was auch immer. Solche Belohnungen beim Erreichen von Zwischenzielen halten uns bei der Stange und helfen uns, auch große Ziele zu erreichen, die zunächst als riesige, unerreichbare Berge erscheinen.

Den-Stress-im-Griff-Tipp Nr. 8

TIPP

Schreiben Sie Zwischenziele nieder und belohnen Sie sich, wenn Sie solch ein Zwischenziel erreicht haben. So verschaffen Sie sich immer wieder neue Motivation für die nächsten Schritte.

Sie wundern sich vielleicht, warum Sie weder hier noch an einer anderen Stelle in diesem Buch den ach so populären Begriff der Work-Life-Balance zu lesen bekommen. Der Grund liegt einfach darin, dass diese Wortschöpfung schlicht und ergreifend ein begrifflicher Unsinn ist. Er impliziert, dass es da zwei Gegenpole, nämlich das Leben und die Arbeit, gibt, die einander gegenüberstehen und die »in Balance« gebracht werden müssen. Aber die Arbeit ist nicht ein Gegenpol, sondern ein Teilbereich(!) des Lebens, wie wir es bei der Studie von Nossrat Peseschkian im Kapitel *Balance bringt's* (ab Seite 35) gesehen haben.

Natürlich brauchen wir auch Erholungszeiten und wir alle sollten durchaus darauf achten, dass wir auch unsere privaten Beziehungen pflegen, keine Frage. Aber wenn wir eine Lebensphilosophie pflegen, die die Arbeit als Gegenpol zum »richtigen« Leben manifestiert, dann schaffen wir mehr und größere Probleme, als dass wir alte lösen.

Auf den Punkt gebracht: die Work-Life-Balance-Philosophie ist keine Lösung für die Burn-out-Problematik, sondern verfestigt das Problem! Wie wollen wir denn unser Feuer am brennen halten oder auch neu entfachen, wenn die Arbeit nicht als sinnvoller Teil des Lebens, sondern letztlich als die Lebensqualität mindernes Übel betrachtet wird?

Wie gesagt, es soll hier keinesfalls bestritten werden, dass neben der Arbeit auch andere Lebensbereiche zu ihrem Recht kommen müssen. Aber wenn wir nach der Überhöhung der Arbeit nun von der anderen Seite vom Pferd fallen und sie als etwas Minderwertiges betrachten, dann werden wir auch kaum die Energie aufbringen, die Arbeitswelt selbst so zu gestalten, dass Menschen mit Freude ihre Kraft einbringen und auch wieder Kraft aus ihr beziehen. Wenn wir es aber nicht schaffen, unsere Einstellung zur Arbeit positiv zu verändern und die Arbeitswelt selbst anders zu gestalten, dann werden wir gerade an dem Punkt, den die Work-Life-Balance-Protagonisten besonders im Blick zu haben vorgeben, nicht erfolgreich sein: der Burn-out-Prävention.

Weitverbreiter Sprachfehler: die Ja-Falle

Das Aufschreiben von Zielen und Zwischenzielen ist auch die entscheidende Hilfe bei einem der größten Stressfaktoren überhaupt: der Unfähigkeit vieler Menschen beim Neinsagen. Habe ich meine Ziele nicht klar vor Augen, ist es eben sehr viel schwieriger, von Dritten kommende Anfragen auch mal mit »Nein« zu beantworten.

Und unsere lieben Mitmenschen tragen natürlich immer wieder Wünsche an uns heran. Da ist der Kollege, der mit mir über die Fußballergebnisse des vergangenen Wochenendes plaudern will, eine andere Mitarbeiterin möchte, da ich ja sprachlich so viel begabter sei, dass ich ihren 7-seitigen Bericht für die Geschäftsleitung Korrektur lese, dazwischen ruft meine Frau an, ob ich auf dem Nachhauseweg nicht noch geschwind beim Bäcker vorbeigehen könnte, im Fußballverein werden neue Bälle angeliefert und weil ich doch so nahe beim Sportplatz wohne ... Dazu kommen Telefonate, E-Mails, deren Beantwortung innert dreißig Minuten erwartet werden und so weiter. Und die Zeit läuft und läuft und was ich eigentlich machen wollte ...

Ich denke, die meisten von uns kennen das. Und zunächst sind solche Anfragen auch legitim und können durchaus auch ein Zeichen besonderer Wertschätzung sein. Nichtsdestotrotz benötigen wir für die Erfüllung jedes Wunsches, und sei er auch noch so klein, ein gewisses Quantum an Zeit und Energie. Zeit und Energie, die dann für andere Aktivitäten oder auch die Erholung nicht mehr zur Verfügung steht.

Doch nebst der Wertschätzung, die das Herantragen eines Wunsches bedeuten kann, muss uns auch eines bewusst sein: Menschen, die stets »Ja« und nie oder so gut wie nie »Nein« sagen, sind auch in besonderer Weise gefährdet, dass eine Menge von Aufgaben auf ihren Schultern abgeladen wird, die nicht mehr bewältigbar ist. Dazu kommt noch, dass neben dem Faktor »unklare oder gar keine Ziele« solche Menschen auch oft deshalb nicht »Nein« sagen können, weil sie andere Menschen nicht enttäuschen wollen. Das tun sie ab einem bestimmten Punkt aber doch. Nicht weil es an gutem Willen fehlt, der ist meistens sogar überreichlich vorhanden, sondern weil sie es einfach nicht mehr schaffen. Sie bekommen in der Folge ein schlechtes Gewissen, was den Stress weiter verschärft, es kommen neue Anfragen und neue Wünsche ... Eine wahre Teufelsspirale des Stresses, die einen Betroffenen immer weiter nach unten zieht.

Halten Sie sich Ihre Ziele deshalb im Wortsinne immer vor Augen. Das können Sie natürlich auf unterschiedliche Art tun, zum Beispiel mithilfe eines speziellen Notizbuchs oder eines Tagebuchs. Ich persönlich schreibe meine Jahres- und meine Wochenziele in Word, wobei das Do-

kument der aktuellen Wochenziele auch häufig offen bleibt. Die Tagesziele schreibe ich aber handschriftlich auf eine Karte, die den ganzen
Tag vor mir auf dem Tisch liegt. Auf dieser Karte stehen auch Zeitan-
gaben für meine geplante Arbeit. So kann ich in der Regel sehr schnell
abschätzen, ob ich meine Ziele auch dann erreichen kann, wenn ich
einen Wunsch von jemand anderem erfülle (natürlich habe ich jeweils
auch entsprechende Pufferzeiten eingeplant, sodass ich nicht immer
»Nein« sagen muss). Wenn nicht, sage ich in der Regel »Nein«.

Noch einmal: wenn Sie außer dem Sinn, den Ihr Leben als Ganzes haben
soll und Ihren Werten auch Ihre Ziele klar bestimmt haben, dann haben
Sie an dieser Stelle einen Riesenvorteil: Sie können nicht nur Ihre eigenen Grenzen erkennen, sondern haben gleichzeitig auch ein wichtiges
Hilfsmittel, um auch für andere Grenzen zu setzen.

Nach dem Erkennen kommt das Tun

Danach muss die Erkenntnis, dass Sie Ihre Ziele gefährden, wenn Sie
immer und überall »Ja« sagen, auch in die Praxis umgesetzt werden.
Das wird zwar durch die verschriftete Zielklarheit deutlich leichter,
schon weil sich Ziele und Entscheidungen, die Sie aufgeschrieben haben, viel besser in Ihrem Gehirn verankern, als wenn Sie das nicht tun.
Nichtsdestotrotz kann es aber immer noch sein, dass das Neinsagen
eine hohe Hürde bleibt. Ganz einfach deshalb, weil es Ihnen so unsag-
bar schwerfällt, andere Menschen enttäuschen zu müssen.

Natürlich ist es nicht von der Hand zu weisen, dass ein »Nein« den Fragesteller möglicherweise erst mal enttäuscht. Häufig, ich vermute sogar
meistens, liegt die Enttäuschung allerdings nicht so sehr im »Nein«
begründet, sondern in der Art und Weise, wie dieses »Nein« übermittelt

wurde. Wenn Sie sich allerdings bemühen, dem Fragesteller zugewandt und verständnisvoll zu begegnen und ihm vielleicht sogar noch einen Tipp geben, wie er sein Problem selbst lösen kann, dann können Sie selbst diese Enttäuschung schon sehr stark minimieren. Sorgen Sie vor allem dafür, dass Ihr Gesprächspartner nicht sein Gesicht verliert und sagen Sie lediglich »Nein« zur Sache, nicht zur Person! Etwa so: »Frau Immernett, ich schätze es sehr, dass Sie anderen Mitarbeitern in unserem Haus immer sehr zugewandt sind. Aber unsere Mittagspause dauert sechzig Minuten und nicht fünfundsiebzig Minuten. Wenn Sie davon ausgehen sollten, dass das »irgendwie schon okay« sei, dann muss ich Ihnen dazu ein klares »Nein!« sagen.«

Für manche ist es auch eine Hilfe, das Neinsagen zunächst in einem etwas geschützteren Rahmen, im privaten Umfeld, zu üben. Auch hier gibt es ja unzählige Wünsche, die Kinder, Partner, Verwandte, Vereinskollegen, Parteifreunde und so weiter an uns herantragen. Auch wenn nicht auszuschließen ist, dass der eine oder die andere mal etwas pikiert (oder einfach überrascht, weil er ja bisher gewohnt war, dass Sie stets »Ja« sagen ...) reagiert. Sie werden immer wieder erleben, dass solche »Neins« in aller Regel akzeptiert werden und keineswegs das Ende der Freundschaft bedeuten. So werden Sie immer sicherer in der klaren und zugleich freundlichen Formulierung ihrer Entscheidungen. Und da Sie ja lernen, jeweils sich selbst die Frage zu stellen, ob Sie den an Sie herangetragenen Wunsch erfüllen können, ohne Ihre Ziele zu gefährden, werden Sie auch nach wie vor immer mal wieder »Ja« sagen können. Sie müssen also kaum Angst haben, das Image eines notorischen Neinsagers umgehängt zu bekommen.

»Wovor du am meisten Angst hast: das tu!« Nicht immer und überall, aber bei manchen Dingen ist solch eine Haltung sehr hilfreich. Vor allem dann, wenn wir ihnen letztlich nicht ausweichen können oder wenn ein Ausweichen letztendlich schlecht für uns wäre.

In der Fachsprache nennt man das »systematische Desensibilisierung«. Viele Menschen machen eine solche Erfahrung beim Autofahren. So mancher erinnert sich, dass das Herz beim ersten Mal im Verkehr einer Großstadt schon ganz gehörig geklopft hat, und je öfter man es getan hat, desto gelassener wurde man. Dies ist auch der Hintergrund, warum man Skirennläufern oder Autorennfahrern nach einem Unfall rät, sich so schnell wie möglich wieder auf die Skier zu stellen, beziehungsweise hinters Lenkrad zu setzen. Dem Gehirn soll keine Möglichkeit gegeben werden, das Negativerlebnis immer wieder durchzuspielen und sich so zu verfestigen. Es sollen möglichst schnell wieder positive Erfahrungen mit dem eigenen Können gesammelt werden, damit sie bald wieder die alte Sicherheit gewinnen.

Dieses Gewinnen von Sicherheit ist auch beim Neinsagen von hoher Bedeutung. Wenn Sie bisher aus lauter Gewohnheit »Ja« gesagt haben, dann geht es also darum, dass Sie diese Gewohnheit systematisch unterbrechen und eine neue Gewohnheit etablieren. Nicht eine Gewohnheit des Neinsagens, sondern die neue Gewohnheit, vor einer Antwort die Folgen für Ihre Ziele und Ihr Wohlbefinden abzuchecken und erst danach zu einer Antwort zu kommen: eine Antwort, die dann sowohl »Ja« als auch »Nein« sein kann.

Erfahrungen mit dem Gewinnen von Sicherheit können Sie zum Beispiel auch machen, wenn Sie Dinge in der Begegnung mit Menschen tun, für die Sie zunächst eine Menge Mut benötigen. Zum Beispiel, indem Sie in der Fußgängerzone einen Fremden bitten, mit Ihnen Schnick-Schnack-Schnuck zu spielen oder Sie während fünf Minuten alle dreißig Sekunden laut und über mehrere Meter vernehmlich die Zeit ansagen [15]. Ziel ist einfach, dass Sie Ihren Mut, außergewöhnliche Dinge zu tun, trainieren. Und zwar Dinge, die eine Portion Blamierungsrisiko in sich tragen. Abgesehen davon, dass Sie dadurch ein gestärktes Selbstbewusstsein gewinnen werden, werden Sie auch überrascht sein, wie viele Leute es gibt, die sich in ihrem Alltag gerne mal ein bisschen überraschen lassen und auch Spaß an kleinen Albernheiten haben.

Das Selbsttraining: Informationen, Selbstgespräche, Sprache und Gefühle

Mit der Erarbeitung eines persönlichen Lebens- und Arbeitssinns, dem Aufstellen einer Werterangliste und dem Setzen von konkreten Zielen in allen vier zentralen Lebensbereichen haben wir eine wichtige Grundlage für ein wirksames Energiemanagement gesetzt. Nun kommen wir zum zentralen Punkt dieses Buches, es ist deshalb auch mit Abstand das umfangreichste Kapitel. Hier entscheidet sich in allerhöchstem Maße, ob Sie nur ab und zu mal etwas Energie tanken oder ob Sie wirklich ein Energiemanagement implementieren, das für dauerhaften (!) Energiezufluss sorgt.

60.000 Gedanken halten sich im Laufe eines Tages in unserem Oberstübchen auf. Die weitaus überwiegende Zahl von ihnen als Kurzzeitmieter, einige aber auch als Dauerbewohner. Können Sie sich vorstellen, dass es eine große Rolle für Ihre Lebensenergie spielt, was für einen Charakter diese Gedanken so mitbringen? Aber hallo!

... und Gefühle

Erlauben Sie mir, dass ich ausnahmsweise dieses Kapitel mit dem letztgenannten Stichwort beginne, also den Gefühlen. Für viele ist das ja eher suspekt, etwas, mit dem sie eher wenig anzufangen wissen (gilt vor allem für uns Männer, auch wenn sich da in den vergangenen Jahren und Jahrzehnten ein bisschen was geändert hat). Gefühle sind ja zunächst nicht so greifbar wie Zahlen, Daten und Fakten. Und um Zahlen, Daten und Fakten geht es doch vor allem in der Wirtschaft, oder?

Das ist einerseits richtig. Denn schließlich tauchen Gefühle in keiner Jahresbilanz auf und mit Gefühlen lassen sich auch keine Produkte verkaufen ... Doch halt: stimmt das wirklich? Nein, diese Aussage ist schlicht falsch. Denn Gefühle sind der entscheidende Faktor, ob jemand ein Produkt kauft oder nicht. Das können Sie heute in jeder Verkaufsschulung lernen. Nicht nur Kleider oder Schuhe werden wegen der damit verbundenen Gefühle gekauft. Dasselbe gilt beispielsweise auch für Autos, weshalb beim Autoverkauf schon längst nicht mehr die technischen Daten im Vordergrund stehen, sondern das Gefühl der Sportlichkeit, einen tollen Auftritt zu haben oder etwas Gutes für die Familie oder die Umwelt zu tun, wenn man den Wagen X oder Y erwirbt.

Auch darüber hinaus tun wir gut daran, die Bedeutung, die Gefühle für unser ganzes Leben haben, nicht zu missachten. Es sind die Gefühle, die uns zum Handeln treiben ... oder uns am Handeln hindern. Selbstredend bei der Partnerwahl, aber auch bei der Wahl des Berufes oder der Arbeitsstelle, der Wahl des Urlaubszieles, der Schule für das Kind und vielem anderen mehr.

Und schließlich ist auch der Stress in erster Linie nicht so sehr eine objektive Tatsache, sondern ein Gefühl. Mit dieser Feststellung ist gleichzeitig die Frage verbunden, wie sehr wir unsere Gefühle überhaupt beeinflussen können.

»Gar nicht« würden da wohl viele antworten. »Ich kann doch nichts für meine Emotionen« oder Ähnliches kann man zum Beispiel immer mal wieder von einem Fußballer hören, dem mitten im Spiel wieder einmal die sprichwörtlichen Gäule durchgegangen sind, er dafür eine rote Karte kassiert hat und den Rest des Spiels von draußen angucken durfte.

Doch Gefühle sind keineswegs von unserer Person losgelöste Reaktionsformen. Vor allem besteht ein unmittelbarer Zusammenhang zwischen ihnen und unserem Bewusstsein, unserem Denken. Von daher ist es für unsere Gefühlswelt, unser Stressempfinden, von entscheidender Bedeutung, womit wir zuvor unser Bewusstsein »gefüttert« haben.

»Cogito ergo sum«, »Ich denke, also bin ich«, von René Descartes (1596 – 1650) ist wohl eine der am häufigsten zitierten Aussagen überhaupt. Mit dem, was wir mittlerweile über die Emotionen wissen, können wir heute ergänzen: »Ich denke, also fühle ich.« Wenn wir also unsere Emotionen (und jegliches Stresserleben ist eine Emotion!) beeinflussen wollen, dann müssen wir uns auch mit unserem Denken beschäftigen. Auf den Punkt gebracht: ohne eine aktive Beeinflussung unseres Denkens, ohne eine Art von Gedankentraining (wie immer das auch aussehen mag) ist ein nachhaltig wirksames Stressmanagement nicht zu haben! Entspannungsmethoden können uns helfen, dass wir Stress (beziehungsweise den Stresshormonspiegel) wieder abbauen können und eine gute, vitalstoffreiche Ernährung verhilft uns zu starken Nerven. Aber wenn wir lernen, unser Denken und damit unsere Emotionen zu steuern, dann sorgen wir dafür, dass ungesunder, kräfteraubender Stress gar nicht erst entsteht.

Informationen

Da sind einmal die Informationen, denen wir erlauben, einen Platz in unserem Oberstübchen einzunehmen. Dieser Informationsfluss läuft ja durch Massenmedien und andere Quellen rund um die Uhr und sozusagen rund um die Uhr könnten wir uns ihm auch aussetzen. Tun wir natürlich nicht, weil dies nicht aushaltbar wäre. Aber auch so findet noch eine unglaubliche Menge den Weg in unsere Großhirnrinde, dem Sitz unseres Denkens. Da lohnt es sich schon, mal ein paar Gedanken darüber zu investieren, wie wir diesen Informationsfluss (und damit unsere Gefühle!) ein bisschen besser steuern können. Wenn Sie sich zum Beispiel weitaus überwiegend mit Nachrichten über Dinge beschäftigen, die in dieser Welt schlecht laufen, dann wird Ihre Energie eine andere sein, als wenn Sie sich mit guten Nachrichten beschäftigen, das steht fest.

Sich mit schlechten Nachrichten zu beschäftigen, ist zunächst einfach nur normal. Denn in Journalistenkreisen gilt der alte Spruch »bad news are good news«, weil schlechte Nachrichten einfach mehr Aufmerksamkeit erzeugen. Aber müssen wir deswegen jede schlechte Nachricht, die Radio, Fernsehen, Internet und Presseerzeugnisse so bieten, auch wirklich konsumieren?

Wenn Sie wirklich möglichst viel Energie für Ihren Alltag zur Verfügung haben wollen, dann rate ich Ihnen, den negativen Informationsstrom zu beschränken. Damit müssen Sie noch lange keine Sorge haben, in die Weltfremdheit abzugleiten. Was halbwegs wichtig ist, wird auch so den Weg zu Ihnen finden. Aber ist es wirklich wichtig für Sie zu wissen, wer im *Dschungelcamp* wieder wen angepflaumt hat oder müssen Sie die Nachrichten vom schlechten Wetter, dem Bombenanschlag in Bagdad oder einer dümmlichen Bemerkung, die der Bundeswirtschaftsminister vor einem Jahr gemacht hat, wirklich sieben Mal am Tag hören? Reichen ein oder zwei Mal nicht aus?

Den-Stress-im-Griff-Tipp Nr. 9

Wenn Sie nicht gerade Journalist sind, sollten Sie den Nachrichtenstrom aus Fernsehen, Radio und Internet beschränken. Auf Dauer beeinflusst er Ihr Denken genauso, wie zum Beispiel Rauchen die Leistungsfähigkeit Ihrer Lunge beeinträchtigt.

Wenn Sie tagaus, tagein Ihre kleinen, grauen Zellen mit den Negativnachrichten dieser Welt anfüllen, dann machen Sie es sich selbst äußerst schwer, eine Weltsicht zu entwickeln, die Sie mit Energie die Herausforderungen Ihres ganz persönlichen Alltags packen lässt.

Gedanken der Nacht

Ein energiereicher Tag fängt mit der Erholung in der Nacht an. Mit was für Gedanken gehen Sie ins Bett? Sind es gute Gedanken oder eher angstbesetzte Gedanken? Oder mit welchen Themen beschäftigen Sie sich in der Schlusskurve des Tages?

Früher habe ich jeweils ganz gerne die Tagesthemen geguckt. Bis ich irgendwann einfach keine Lust mehr hatte, mit den Bildern von den großen und kleinen Katastrophen dieser Welt ins Reich der Träume zu sinken. Seither verzichte ich darauf und es geht mir gut dabei. Und verpassen tue ich im Zeitalter des Internets schon mal grad gar nichts.

Unterschätzen Sie die Bedeutung der letzten Gedanken des Tages nicht. Wenn wir Kindern mit einer Gutenachtgeschichte helfen, gute Gedanken auf ihre Reise ins Reich der Träume mitzunehmen, dann sollten wir uns selbst einen ähnlichen »Reiseproviant« auch gönnen, um einen entspannten und erholsamen Schlaf zu bekommen.

Den-Stress-im-Griff-Tipp Nr. 10

TIPP

Verzichten Sie auf Spätnachrichten! Ersetzen Sie diese durch entspannende Musik oder ein ebensolches Buch (möglichst kein Krimi, schon gar kein Horrorthriller!).

Damit ist schon einmal ein erster Schritt für einen guten und erholsamen Schlaf getan. Dieser ist von großer Bedeutung für Ihre Energie, weshalb Sie allem, was einen guten Schlaf unterstützt, eine hohe Aufmerksamkeit schenken sollten. Dazu gehören insbesondere auch die Gedanken, mit denen Sie Ihren Tag abschließen und mit denen Sie sich dann auf den Weg ins Reich der Träume machen. Folgender Tipp hat sich für mich schon viele Male bewährt.

Den-Stress-im-Griff-Tipp Nr. 11: Abend-Auftank-Fragen

TIPP

1. Wo habe ich heute meine Fähigkeiten und meine Zeit zur Verfügung gestellt und einen sinnvollen Beitrag geleistet?
2. Was habe ich heute gelernt?
3. Inwiefern kann ich die Erlebnisse des heutigen Tages sinnvoll als Investition in die Zukunft nutzen?

Kein Zufall ist, dass in diesen »Abend-Auftank-Fragen« zweimal das Wörtchen »sinnvoll« auftaucht. Natürlich könnte man auch nach den glücklichen Momenten, den Erlebnissen, die Spaß und Freude bereitet haben, fragen, das wäre auch völlig in Ordnung. Ich habe einfach festgestellt, dass zunächst die Frage nach der Sinnhaftigkeit meines Tuns und Lassens mir einen geschärften Blick verschafft und vor allem, dass dies letztendlich zu größerer Zufriedenheit führt.

Dann soll an dieser Stelle auch noch ein kurzer Blick auf das Ende der Nachtruhe erlaubt sein. Da soll es doch tatsächlich solche Masochisten geben, die nicht nur mit den Katastrophenmeldungen des Tages ins Bett gehen, sondern sich auch noch von denselben Katastrophenmeldungen wieder aufwecken lassen. Sie wissen schon: »Bombenanschlag in Bagdad, Anstieg der Staatsverschuldung in Deutschland …«.

TIPP **Den-Stress-im-Griff-Tipp Nr. 12**

Verzichten Sie auch darauf, sich von den Frühnachrichten wecken zu lassen, sondern programmieren Sie Ihren Wecker mit einigen Ihrer Lieblingsmusikstücke.

Auch dies hat einen Einfluss darauf, mit wie viel Energie Sie in einen Tag starten. Achten Sie darauf, dass gleich die ersten Gedanken des Tages gute Gedanken sind. Das können Sie nur schwerlich, wenn Sie sich von den Frühnachrichten im Radio wecken lassen. Sie erinnern sich: »Bad news are good news«, jedenfalls aus Journalistensicht. Wenn Sie diese beispielsweise auf dem Weg zur Arbeit im Autoradio hören, ist dies immer noch früh genug.

Selbstgespräche

In Kapitel 1 (ab Seite 14) haben wir erfahren, dass das, was wir in unserer Großhirnrinde, dem sogenannten Cortex, denken, einen ganz direkten Einfluss, darauf hat, ob überhaupt und wenn ja, in welchem Umfang die Stresshormonproduktion angeschmissen wird oder nicht. Dabei geht es nicht um jegliches Denken, sondern jenes Denken, mit dem wir sozusagen in einen Dialog mit uns selbst treten, unsere Selbstgespräche.

Mit »Selbstgespräche« ist also nicht das halblaute, sinnfreie Brabbeln eines Betrunkenen nach einer Zechtour gemeint, sondern unsere Bewertung jeder Situation, in der wir gerade stehen.

Bei den Bewertungen, die für unsere Energiebilanz von Relevanz sind, geht es letztlich nur um zwei Fragen, denen wir uns stellen müssen:

1. Wird diese Situation mir eher Freude oder eher Ärger/Schmerz bereiten?
2. Kann ich mit meinen Ressourcen an Fähigkeiten, Zeit, Geld, Energie und/oder mit der Hilfe anderer diese Situation meistern oder nicht?

Wie gesagt, je nachdem, wie Ihre jeweilige Antwort ausfällt, steigt danach Ihr Stresshormonspiegel oder er bleibt da, wo er sich schon vorher befunden hat.

Denkkrankheiten

Bestimmt haben Sie auch schon die Beobachtung an sich selbst oder anderen gemacht, dass eine bestimmte Einschätzung einer Situation diese wesentlich schlimmer gemacht hat, als sie tatsächlich war. Wir reden dann von Stress verschärfenden Gedanken oder eben Stress verschärfenden Selbstgesprächen. Einige dieser Stressverschärfer sind besonders weit verbreitet, ich nenne sie auch »Denkkrankheiten«. Sie sorgen immer wieder für eine erhöhte Produktion an Stresshormonen. Das Tückische daran: es gibt durchaus Situationen, in denen das jeweilige Denken angebracht, ja, sogar gefordert ist. Die Denkkrankheit besteht dann darin, dass diese Art des Denkens auf alle Lebenssituationen übertragen wird und dadurch großen, zusätzlichen Stress verursacht.

Stress, der krank macht und nicht mehr dazu dient, unsere Kräfte auf ein Ziel hin zu konzentrieren ...

Die Denkkrankheit des Perfektionismus

Ein klassisches Beispiel ist die Denkkrankheit des Perfektionismus. In verschiedenen Berufen ist zwar nichts weniger als Perfektion gefordert. Wenn die Chirurgin, die mich operiert, mir vor dem Eingriff sagt, sie arbeite grundsätzlich nach dem Pareto-Prinzip, wonach 80 Prozent auch gut genug wären ... der guten Frau würde ich was husten. Von ihr erwarte ich nicht weniger als hochpräzise Millimeterarbeit (oder je nach behandeltem Körperteil noch viel genauer) und ich bin sicher in keinster Weise bereit, weniger zu akzeptieren. Wenn aber die gleiche Frau nach Hause geht und meint, das Kinderzimmer müsse genauso aufgeräumt sein wie ihr OP-Saal, dann hat sie ein Problem ... ihre Kinder wohl auch und der Familienalltag dürfte damit ziemlich stressbeladen ablaufen.

Außerdem gibt es in Zusammenhang mit dem Perfektionismus noch ein weiteres Problem und das ist das Zeitproblem. Ich erinnere mich noch gut an ein Gespräch mit einem sehr guten 800-Meter-Läufer. Seine Bestzeit war schon ziemlich klasse, aber nicht absolute Spitze. Und dann hat er mir seine Rechnung aufgemacht. Um diese Bestzeit in einem weiteren Schritt auch nur um zwei Sekunden zu verbessern ... müsste er seinen Trainingsumfang verdoppeln.

Das illustriert ziemlich gut die Schwierigkeit, die der Perfektionist hat. Der Zeitaufwand, um eine bereits gute Arbeit perfekt zu machen, steigt schnell ins Unermessliche. Die Folge: die verbratene Zeit fehlt an anderer Stelle und der Perfektionist kommt in Zeitnot. Je länger je mehr wird der Zeitstress immer größer und im Griff ist dann gar nichts mehr. Kein Wunder, dass ein mir bekannter erfolgreicher Verleger immer wieder betont hat: »Eine gute Buchhaltung ist notwendig, eine perfekte Buchhaltung kann ich mir nicht leisten.« Im Übrigen ist die Tatsache, dass Perfektionisten immer wieder in Zeitstress geraten, ein weiterer Grund, warum Perfektionismus auch einer der größten Burn-out-Risikofaktoren ist.

Den-Stress-im-Griff-Tipp Nr. 13: Stellen Sie die Preisfrage

TIPP

Manchmal ist nichts weniger als Perfektion gefragt, aber eben nicht immer. Gewöhnen Sie sich bei Ihren Aufgaben grundsätzlich an, die Preisfrage zu stellen, das heißt, ob der Einsatz an Zeit und Geld und eventuellen weiteren Ressourcen wirklich notwendig ist, oder ob ein Resultat, das einfach »nur« gut ist, nicht ausreicht.

Die »Ich-will-immer-alles«-Denkkrankheit

Ähnliches gilt für die »Ich-will-immer-alles«-Denkkrankheit. Viele geben sich stets mit wenig zufrieden und erreichen dadurch sehr viel weniger, als es ihrem Potenzial entspricht. Da ist es sicher nicht falsch, wenn man auch mal aufs Ganze geht, Erwartungen klar und unmissverständlich äußert und diese gegebenenfalls auch mal kraftvoll durchsetzt.

Die Problematik dieser Denkkrankheit liegt in den beiden Wörtchen »immer« und »alles« verborgen. Dass man zuweilen auch mit einem Kompromiss vorankommen kann, ist diesen Menschen ein völlig fremder Gedanke und dadurch erleben sie viel kräftezehrenden Stress, vor allem, wenn diese Denkkrankheit (was häufig vorkommt) mit der schon erwähnten Denkkrankheit des Perfektionismus einhergeht.

In rein rationalen Momenten ist den Betroffenen zwar durchaus klar, dass es doch eher weltfremd ist, anzunehmen, dass ihre Erwartungen immer alle erfüllt werden. Nichtsdestotrotz leben, denken und daraus folgend fühlen sie auch so, wie wenn genau dies stets der Fall sein müsste. »Ich habe ein Recht darauf, dass meine Erwartungen vollumfänglich erfüllt werden!« Aha! Rein formal ist das vielleicht sogar so. »Und aus diesem Grund habe ich auch ein Recht auf meinen Ärger!« Jetzt kommt richtig Pfeffer in die Geschichte. Aufgrund von bestimmten Erwartungen gibt es Ärger und dieser Ärger ist auch noch berechtigt. Und der riesengroße Schluck aus dem Stress-Cocktail ist natürlich auch berechtigt. Und der hohe Blutdruck auch. Genauso wie das Herzrasen, die Rückenschmerzen und die Magen-Darm-Probleme. Sie wissen schon. Ähnlich wie beim Perfektionismus kann hier die schonungslose Frage nach den Resultaten und dem dafür eingesetzten »Preis« an Zeit, Geld, Menschen, die man gegen sich aufgebracht hat, eigenen Nerven etc. helfen, hier auf neue Verhaltensweisen zu kommen.

Die »Kleines-Rädchen«-Denkkrankheit

»Wenn du glaubst, dass du zu klein bist, um irgendetwas auszurichten, versuch doch mal mit einem Moskito in einem geschlossenen Raum zu schlafen.«

Dr. Eckart von Hirschhausen

»An meinem Stress ist die Firma schuld, mit ihren blödsinnigen Bestimmungen und den immer höheren Erwartungen. Ich bin nur ein kleines Rädchen im Getriebe und kann in Bezug auf meinen Bluthochdruck, meine Magen-, Kopf- und Rückenschmerzen rein gar nichts machen.« So oder ähnlich lauten die Aussagen der Menschen, die an der »Kleines-Rädchen«-Krankheit leiden.

Dass unser Einfluss auf äußere Begebenheiten zuweilen sehr begrenzt ist, ist natürlich schon wahr und die Verantwortung von Politik und Entscheidern jeglicher Art soll auch gar nicht kleingeredet werden. Sie haben großen Einfluss darauf, wie die politischen Rahmenbedingungen und die Betriebsabläufe sind, wie groß das Arbeitspensum ist, das auf dem Einzelnen lastet und wie die Verantwortlichkeiten geregelt sind. Es wäre aber ausgesprochen unklug, die Macht abzugeben, die wir trotz allem immer noch haben, die Macht, über den Umgang mit unserem Körper selbst zu bestimmen. Wir können nach wie vor selbst entscheiden, wie viel Schlaf und welche Nahrung wir ihm gönnen, wie oft und wie intensiv wir ihn bewegen und nicht zuletzt: welche Gedanken wir in unser Oberstübchen reinlassen!

Viktor E. Frankl (siehe Kapitel *Sinn*, Seite 51 f.) hat stets darauf hingewiesen, dass es selbst unter den schrecklichen und menschenverachtenden Bedingungen des Konzentrationslagers immer ein »So oder so« gegeben habe. Er nannte dies die »Trotzmacht des Geistes« und ergänzte, dass man den Gefangenen alles hätte nehmen können, nur eines nicht: die Freiheit, sich mit ihren Gedanken der jeweiligen Situation in einer ganz persönlichen Weise zu stellen.

Wenn das für solch extreme Lebensumstände gilt, dann gilt es selbstverständlich auch für jede andere Situation. Wenn Sie miserable Arbeitsbedingungen haben, dann sind die für den Einzelnen leider nicht immer veränderbar, da müssen wir uns nichts vormachen. Aber die Freiheit, sich in einer ganz persönlichen Weise zu diesen Arbeitsbedingungen einzustellen, kann Ihnen auch da niemand nehmen. Manchmal hilft in solchen Fällen alleine schon die Vorstellung, dass Sie die Arbeit zur Bezahlung Ihres schönen Hauses wahrnehmen oder sie Ihnen einen tollen Urlaub mit Ihren Kindern ermöglicht. Sie sehen schon an diesen Beispielen, dass wir unser Stresserleben in weiten Teilen selbst steuern können. Es sind wirklich nur ganz wenige Dinge, bei denen dies nicht oder nur sehr eingeschränkt der Fall ist, zum Beispiel bei Kälte, dauerhaftem Lärm und plötzlich auftretender Lebensgefahr.

Den-Stress-im-Griff-Tipp Nr. 14

Nutzen Sie den Einfluss, den Sie selbst auf Ihre Gesundheit haben. Welchen Bereich wollen Sie als Erstes angehen? Verbinden Sie ihn gleich mit einem konkreten Ziel (siehe Kapitel *Ziele* auf Seite 65). Jetzt!

Sind Selbstgespräche überhaupt veränderbar?

Manch einer mag sich fragen, ob Selbstgespräche überhaupt veränderbar sind. Immerhin sind sie das Produkt unserer ganzen Biografie und seit Jahren, vielleicht sogar schon Jahrzehnten eingeübt. Wir wissen doch aus anderen Bereichen, wie schwer Verhaltensänderungen jeglicher Art sind.

Die Antwort gibt uns die Hirnforschung und lautet ganz klar: ja, sie sind veränderbar! Sie sind veränderbar, wie jedes andere Verhalten veränderbar ist. Wenn eine neue Gewohnheit, auch Denkgewohnheit, vier Wochen lang täglich konsequent eingeübt wurde, ist im Gehirn eine neue »Bahn« geschaffen worden. Hat man diese Vier-Wochen-Schwelle überschritten, steigt die Chance, dass man das neue Verhalten auch beibehält, signifikant an.

Ein ganz simples Beispiel für die Bedeutung der Gedanken hat mir vor einiger Zeit meine elfjährige Tochter geliefert. Im Gegensatz zu ihrem Vater, der seit frühester Kindheit ein Frühaufsteher ist, gehört sie eher

zu der Kategorie Morgenmuffel. Eines frühen Morgens war sie aber putzmunter und sagte in einem Anflug von Selbsterkenntnis zu mir: »Du
Papa, ich habe herausgefunden, dass das Aufstehen viel, viel leichter
fällt, wenn man sich auf den Tag freut.«

Diese kleine Geschichte hat nicht nur eine psychologische, sondern
auch eine physiologische Seite. Wenn meine Tochter (oder Sie oder ich)
Selbstgespräche führen, die von Freude und Begeisterung geprägt sind,
dann ist auch die physiologische, insbesondere hormonelle, Situation
eine komplett andere, als wenn wir alles grau in grau sehen.

Einer, der um die starke Wirkung der Selbstgespräche in Krisensituationen sicher auch weiß, ist der ehemalige österreichische Skirennläufer Hermann Maier. Dieser hatte im Sommer 2001 einen schweren
Motorradunfall, der ihn beinahe das Leben gekostet hätte. Einige Tage
drohte auch eine Beinamputation und ob er je wieder Skifahren könnte,
geschweige denn auf Wettkampfniveau, war zu jenem Zeitpunkt mehr
als ungewiss. Nötig hätte er es eh nicht gehabt. Er hatte schon alles gewonnen, was es in seinem Sport zu gewinnen gab, war Doppel-Olympiasieger und auch den Gesamt-Weltcup hatte er schon drei Mal gewonnen.
Doch Hermann Maiers Selbstgespräche waren anders, komplett anders.
Und anders war mit Sicherheit auch seine Hormonlage. Natürlich hat
auch Ärztekunst und »gutes Heilfleisch« eine Rolle gespielt. Vor allem
aber konnte er durch entsprechende Selbstgespräche Kräfte mobilisieren, die so groß waren ... dass sie ihn einunddreißig Monate später zu
seinem vierten Triumph beim Gesamt-Weltcup geführt haben.

Fragen sind die Antwort

Bleibt die Frage nach dem Wie in Sachen Veränderung der Selbstgespräche. Wie kann diese, unsere so sorgsam gepflegte Gedankenwelt, so umgestaltet werden, dass wir uns deutlich weniger unter Stress setzen und wir zumindest die ungesunden Einflüsse dieses doppelgesichtigen »Mitarbeiters« in die Schranken weisen können?

Dazu hilft uns ein Blick auf die Struktur der Selbstgespräche oder »inneren Dialoge«, wie sie gelegentlich auch genannt werden. Letztendlich bestehen sie ja aus nichts anderem als aus Fragen, die wir uns selbst stellen. Nun haben wir in der Schule mal gelernt, dass es keine dummen Fragen gibt. Das ist grundsätzlich richtig, aber trotzdem gilt auch, was der amerikanische Schriftsteller E. E. Cummings einst gesagt hat:

»Eine brillante Antwort erhält stets derjenige, der eine noch brillantere Frage stellt.«

E. E. Cummings

Wenn Sie also Ihren Stress in den Griff bekommen und mehr Energie erhalten wollen, dann müssen Sie lernen, »brillantere Fragen« zu stellen. Fragen, die Ihnen helfen, die Probleme, die Sie »stressen«, schnell und effektiv zu lösen.

Einige neue Fragen

Bei vielen Situationen, die unsere Energie kosten, urteilen wir sehr schnell und dann auch noch zu unseren Ungunsten; das heißt, wir schätzen unsere Möglichkeiten, die Situation in irgendeiner Weise positiv zu bewältigen, als ausgesprochen gering ein. Da wir ja keine Pessimisten sein wollen, erwidern wir dann meistens »Ich bin halt realistisch!« Doch gerade die Hinterfragung solch einer Aussage kann schon eine erste wichtige, neue Frage beziehungsweise ein kleiner Fragenkatalog sein.

Den-Stress-im-Griff-Tipp Nr. 15: Realitätsprüfung

- Ist es tatsächlich so?
- Welche Beweise/Fakten unterstützen meine Meinung?
- Welche andere Möglichkeiten gibt es, um das aufgetretene Problem zu erklären?
- Gibt es auch positive Aspekte der Situation?
- Verallgemeinere ich zu stark?
- Habe ich zu hohe oder falsche Erwartungen?

Wer mitten in einem Problem drinsteckt, dem fehlt zuweilen die Distanz, um eine Lösung zu entdecken, die vielleicht sogar zum Greifen nahe ist. Mit einem kleinen Trick können Sie diese lösungsorientierte Distanz selbst schaffen und so auf neue Gedanken und damit einer Lösung des Problems näherkommen. Es handelt sich dabei um eine Technik, die sich vor allem bei schwierigen Entscheidungen sehr bewährt hat.

Den-Stress-im-Griff-Tipp Nr. 16: Rollentausch

- Was würde ich einem Freund zur Unterstützung sagen, der sich in einer vergleichbaren Lage befindet?
- Was würde wohl ein bestimmter Freund zu mir sagen, um mir in meiner Situation zu helfen?
- Kenne ich jemanden, von dem ich denke, dass er eine Situation wie die meine leichter »packen« würde? Was könnte ich in seinem Kopf sehen, wenn ich reingucken könnte?

Der große Psychologe Viktor E. Frankl beschrieb einmal, wie ihm im Konzentrationslager die Vorstellung Kraft verlieh, nach der Befreiung in einem großen erleuchteten Saal über die Erlebnisse zu berichten, die er gerade durchlitt. Er hat es damit geschafft, sein Leiden als Aufgabe anzunehmen, die über die Zeit des Leidens hinausgewiesen hat. Auch wenn zu hoffen ist, dass weder Autor noch Leser dieses Buches jemals die traumatischen Erfahrungen von Viktor E. Frankl machen müssen (er hat während des Holocausts seine ganze Familie verloren), so können wir doch gerade dies von ihm lernen: das Leben stets als Aufgabe zu betrachten, auch wenn wir durch wirklich harte Zeiten gehen müssen.

Den-Stress-im Griff-Tipp Nr. 17: Sinn

- Was kann ich in der Situation, die ich gerade durchlebe, lernen?
- Welche Aufgabe habe ich in dieser Situation?
- Welchen Sinn kann ich in der gegenwärtigen Situation finden?

Selbstgespräche bei Niederlagen und Enttäuschungen

Da waren zwei selbstständige Handwerker. Beide hofften auf einen Großauftrag, der ihnen jeweils über mehrere Monate ihr Auskommen gesichert hätte. Keiner der beiden erhält den Auftrag, sondern ein Dritter, der die beiden im Preis noch unterboten hatte. Der eine denkt: »Jetzt ist alles im Eimer, wo soll ich jetzt noch etwas kriegen, bei diesen Preisen habe ich ja nie eine Chance.« Danach schiebt er noch etwas Frust, zieht sich auf dem Sofa noch einen Krimi und ein, zwei Bier rein und grübelt sich mehr oder eher weniger erfolgreich in den Schlaf. Der andere denkt: »Shit happens, manchmal bist du der Hund und manchmal der Baum.« Dann geht er vielleicht noch etwas joggen und noch bevor er ins Bett geht, schreibt er schon das nächste Angebot.

Das ist jetzt kein Positiv-denken-Seminar und mir geht es auch nicht um das Thema Erfolgsstrategie, auch wenn es sicher interessant wäre, dies auch noch einzubeziehen. Ich will Ihre Aufmerksamkeit nur auf das lenken, was in so einem Moment in den jeweiligen Körpern unserer beiden Handwerker abgeht.

Sehr Unterschiedliches, das kann ich Ihnen sagen. Und zwar bereits bevor der eine joggen geht (und damit seine Stresshormone gleich wieder abbaut) und der andere sich mit dem Bier aufs Sofa knallt. Schon als ihr jeweiliges Oberstübchen mit dem nicht erhaltenen Auftrag konfrontiert wird, wurden ganz unterschiedliche Hormone und auch noch in unterschiedlichen Mengen ausgeschüttet. Und die sind, wie wir mittlerweile wissen, sehr entscheidend für unser Stresserleben.

Zweifelsohne gehören die Selbstgespräche nach Niederlagen und Enttäuschungen zu den größten Herausforderungen, mit denen wir in diesem Zusammenhang konfrontiert sind. Sie sind einerseits von entscheidender Bedeutung für das akute Stresserleben. Sie erinnern sich. Das, was wir denken, unsere Selbstgespräche entscheiden ganz direkt darüber, ob und wenn ja, wie viele Stresshormone wir in einer bestimmten Situation ausschütten. Im Weiteren sind die Selbstgespräche aber auch entscheidend dafür, wie schnell und wie gut wir in der Lage sind, die Enttäuschung produktiv zu verarbeiten und mit neuer Kraft vorwärts zu gehen.

Eines der bekanntesten Beispiele zu diesem Thema ist wohl jenes von Thomas Alva Edison, der bei der Erfindung der Glühbirne rund 10.000 Mal neu ansetzen musste, bis es ihm endlich gelungen war, einen Glühfaden zu entwickeln, der brennt, aber nicht verbrennt. Wie wäre es Ihnen dabei gegangen? Es ist wohl nicht übertrieben, anzunehmen, dass die allermeisten spätestens nach dem fünften Mal aufgegeben und das Projekt »Glühfaden, der brennt, aber nicht verbrennt«, beerdigt hätten. Doch Edison war aus anderem Holz gemacht. Als er gefragt wurde, ob er denn nach all diesen Fehlschlägen nie in der Versuchung gewesen sei, aufzugeben, gab er diese berühmte Antwort:

»Ich bin nicht entmutigt, weil jeder als falsch verworfene Versuch ein weiterer Schritt vorwärts ist.«

Thomas Alva Edison

Edison ließ sich nicht vom Stress der Enttäuschung lähmen, sondern interpretierte die Fehlversuche stets als Hinweise zur Lösung des Problems. Sein »Geheimnis« war, dass er in jeder Situation das große Ziel, die Erfindung der Glühbirne, stets im Auge behielt, was ihn in die Lage versetzte, auch bei Versuchen, die nicht geklappt haben, lösungsorientiert zu bleiben. Dabei müssen wir uns bewusst machen, dass dies, auch wenn Edison sicher nicht daran gedacht hat, eine Gesundheitsmaßnahme allerersten Ranges war. Vor allem seine (Stress-)Hormonlage war eine komplett andere als dies bei einer »Sch..., das klappt-nie«-Reaktion der Fall gewesen wäre. Möglicherweise hat Edison auch eine ähnliche Technik genutzt, wie diejenige des folgenden »Den-Stress-im-Griff«-Tipps:

TIPP

Den-Stress-im-Griff-Tipp Nr. 18: Zeitsprung
Stellen Sie sich bei einer Enttäuschung folgende Fragen:
- Wie werde ich zu einem späteren Zeitpunkt, in einer Woche, einem Monat oder einem Jahr darüber denken?
- Wenn ich mir vorstelle, dass ich in meiner Biografie zehn Jahre weiter bin: wie werde ich rückblickend die momentane Situation betrachten?

In der Regel führen diese Fragen bereits zu einer deutlichen Entspannung nach einer Enttäuschung, auch wenn sie zunächst ziemlich groß erscheinen mag. Im Übrigen wird mit dieser Selbstbefragungstechnik auch noch einmal deutlich, wie hilfreich bereits im Hier und Jetzt(!) eine Lebenssinn- und Lebenszielorientierung ist. Das Thema ist dabei nicht eine Vertröstung in die Zukunft, sondern eine Einarbeitung des gerade erlebten in die langfristige Perspektive. Natürlich hat sich die Enttäuschung dabei nicht gleich in Luft aufgelöst. Aber der weitere Horizont lässt einen eben auch nicht als am Boden zerstörtes Häufchen Elend zurück, sondern hilft, schnell wieder aufzustehen und mit neuer Kraft vorwärts zu gehen.

Ähnliches könnte man auch von Walt Disney berichten. Dieser hatte zwar bereits seine ganzen (zu jenem Zeitpunkt schon nicht unbeträchtlichen) Ersparnisse in seine Vision von »Disneyland« gesteckt. Er meinte: »Ich hatte das Gefühl, dass es so etwas geben müsste, wie eine Art Familienpark, wo die Eltern zusammen mit ihren Kindern Spaß haben könnten.« Er klapperte die Banken ab, um eine Finanzierung zu erhalten. Viele Banken, dreihundert an der Zahl. Sie haben ihm alle abgesagt, weil ihnen das Risiko zu groß erschien. Schließlich bekam er von der 301. eine Zusage und es konnte losgehen. Physiologisch ausgedrückt könnte man auch von Walt Disney sagen, dass er mit seiner Einstellung für eine energiereiche Hormonlage in seinem Körper gesorgt hat, die es ihm erlaubte, sein Leib- und Magen-Projekt durchzuziehen und durch alle Enttäuschungen durch zum Erfolg zu bringen. Vergessen wir nicht: wir wissen zwar heute, dass Disneyland eine geradezu unglaubliche Erfolgsgeschichte war und immer noch ist: aber bei der 187. Absage weiter zu machen, war auch für Walt Disney sicher nicht leicht.

Zur Herausforderung des produktiven Umgangs mit dem Stress von Enttäuschungen gehört es in der Regel auch, neue Entscheidungen treffen zu müssen. Gar nicht so einfach, wenn das eigene Denken mit Selbstgesprächen angefüllt ist, die einem noch den letzten Saft aus dem Leib ziehen. Das Problem dabei ist leider, dass es für Ihr Gehirn zunächst die viel leichtere Übung ist, mit negativen Gedanken zu reagieren, als mit positiven, lösungsorientierten Gedanken. Automatisch läuft deshalb in der Regel das negative Programm ab. Doch wir sind nicht dazu verpflichtet, dieses Programm auch für alle Zeiten auf unserer Festplatte zu lassen.

»Du kannst nicht verhindern, dass die Vögel der Sorge über deinen Kopf kreisen. Aber du kannst sie daran hindern, Nester in deinen Haaren zu bauen.«

Chinesisches Sprichwort

Nester für die »Vögel der Sorge« bauen wir zum Beispiel mit Gedanken wie »Das musste ja schief gehen« oder »Wenn das oder jenes passiert, dann ist das eine Katastrophe!« Wirklich? Häufig, sehr häufig hilft es schon sehr, den Stress zu minimieren, wenn man solch eine Aussage mal konsequent überprüft.

TIPP

Den-Stress-im-Griff-Tipp Nr. 19: Sicht klären
- Wenn der schlimmste Fall eintreten würde: was würde wirklich(!) konkret geschehen?
- Wie schlimm wäre das wirklich?
- Wie wahrscheinlich ist der Eintritt dieses Ereignisses?
- Was wäre schlimmer als das?
- Wie wichtig ist diese Sache wirklich für mich?

Wenn Sie diese und die anderen in den »Den-Stress-im-Griff«-Tipps enthaltenen, alternativen Fragen immer wieder stellen, werden Sie es nach und nach besser schaffen, Ihre auf »Stressverschärfung« ausgerichteten Gedanken auf »Stressverminderung« umzupolen.

Kein plattes »Denke positiv«!
Um keine Missverständnisse aufkommen zu lassen. Hier geht es keinesfalls um ein plattes »Denke positiv«. Die Analyse einer Niederlage darf und soll ehrlich und ohne Beschönigung sein. Aber Analysen sind sehr oft das genaue Gegenteil. Wenn jeglicher positive Aspekt ausgeblendet wird und neue Chancen negiert werden, entfernt man sich eben auch von neuen Lösungsmöglichkeiten. Die hier vorgestellten Fragen sind daher weniger einem platten positiven Denken verpflichtet als einer umfassenden Sicht der Dinge, die vor allem eines erleichtern soll: die nächsten Schritte zu neuem positiven Handeln!

Machen Sie Ihre Selbstbeschreibung – und damit Ihren Selbstwert – unabhängig von der Niederlage

»Gut gebrüllt Löwe« wird sich jetzt vielleicht so mancher denken, der diese Zwischenüberschrift gelesen hat. Schließlich geht es keinem gut, der ein Spiel verloren, einen Auftrag nicht gekriegt oder eine Prüfung nicht geschafft hat. Trotzdem, oder erst recht, ist es von hoher Bedeutung, dass Sie nach einer Niederlage zwar ehrlich analysieren – aber genauso ist es wichtig, dass sie nicht aus dem Versagen in einer bestimmten Sache ein allgemeingültiges »Ich bin ein Versager« machen.

Ein beeindruckendes Beispiel dafür lieferte vor einigen Jahren der Schweizer Radrennfahrer Fabian Jeker. Nach über 1.400 äußerst beschwerlichen Kilometern bei der Tour de Suisse betrug sein Rückstand auf den Wahlschweizer Jan Ullrich: 1,37 Sekunden! Schon kurz nach der Zieldurchfahrt beim entscheidenden Zeitfahren hatte er unzählige

Mikrofone von Reportern unter der Nase, die von ihm nun ein Statement wollten. Ein Statement der Enttäuschung, wie sie dachten. Wie überrascht waren sie, als davon nur wenig zu hören war. Stattdessen verkündete ein selbstbewusster Fabian Jeker: »Champions können verlieren. Und ich bin ein Champion!«

Es ist außerordentlich wichtig, dass wir die Bedeutung einer solchen Haltung verstehen. Wenn wir mit »Ich bin ein Versager« reagieren, passiert da weit mehr, als dass »nur« unser Selbstwert in den Keller geht. Ich denke, es ist jedem klar, dass solch ein Vorgang, unsere Chance, gesund und stark zu bleiben, um die nächste Herausforderung (die vielleicht schon gleich um die Ecke kommt) zu meistern, stark gefährdet oder sogar unmöglich macht.

Den-Stress-im-Griff-Tipp Nr. 20
Machen Sie Ihren Selbstwert niemals von Dingen abhängig, die Sie nicht in der Hand haben! Ein Sportler hat zum Beispiel nur die eigene Leistung in der Hand, nicht aber die seiner Gegner. Ähnliches gilt im Geschäftsleben. Sie haben einiges, was Ihren geschäftlichen Erfolg anbelangt in der Hand, aber eben nicht alles!

Sprache und Metaphern

Die Sprache, die wir sprechen, ist unser wichtigstes Kommunikationsmittel und sagt von daher auch eine Menge über uns aus. Dabei meine ich noch nicht einmal so sehr, dass wir Deutsch oder einen deutschsprachigen Dialekt in der Regel als unsere Alltagssprache sprechen. In ganz besonderer Weise gilt dies auch für die Begriffe und Metaphern, die wir verwenden. Doch diese sind nicht »nur« eine Art Spiegel unserer Persönlichkeit und geben Hinweise auf unser Denken und die Art, wie wir die Welt sehen. Sie haben auch eine hohe Rückwirkung auf unser emotionales Empfinden und damit auch auf unser Stresserleben. Und das nicht erst dann, wenn Sie sie in einem scharfen Ton, der mit einer entsprechenden Lautstärke verbunden ist, aussprechen.

Im Moment, da ich diese Zeilen schreibe, ist gerade Winter in Deutschland. Kein besonders strenger, eher einer von der durchschnittlichen Sorte. Ab und zu etwas Schneefall, meistens eher etwas über als unter Null Grad. Trotzdem gibt es auf Facebook & Co. unzählige Wortmeldungen mit dem Stichwort »Ich hasse Winter« und in Google werden Ihnen unter dieser kurzen Aussage 380.000 Ergebnisse angeboten.

Was meinen Sie, wie ist Ihr emotionales Empfinden, wie Ihr Stresserleben, wenn Sie in Bezug auf Ihre Haltung zu einem Sachverhalt, einem Menschen, einer Tätigkeit Ihre Aussage mit »Ich hasse ...« beginnen? Denken Sie, dass es einen Unterschied macht, wenn Sie, um beim erwähnten Beispiel zu bleiben, sagen »Ich ziehe den Sommer vor«? Darauf können Sie wetten!

Wie wir schon an früherer Stelle in diesem Buch festgestellt haben, wird am Ort, wo unser Bewusstsein, unser Denken stattfindet, auch über unsere Gefühle entschieden. Und somit ist es auch von großer Bedeutung, welche Worte wir benutzen, einerlei, ob wir sie sprechen, schreiben oder »nur« denken. Ebenso klar dürfte damit sein, dass Menschen, die nur einen kleinen Wortschatz zur Beschreibung ihrer Erfahrungen und Empfindungen nutzen, eben auch nur ein eher verarmtes Gefühlsleben haben. Umgekehrt haben Menschen, die über einen reichhaltigen

Wortschatz verfügen, ein umfangreiches »Musikrepertoire«, mit dem sie ihren Erfahrungen Ausdruck verleihen können – und zwar nicht nur in der Kommunikation mit anderen Menschen, sondern auch dann, wenn sie mit sich selbst im Dialog sind.

Erlauben Sie mir, dass ich an dieser Stelle noch einmal auf die Selbstgespräche bei Niederlagen und Enttäuschungen zurückkomme. Gerade in diesen Situationen sind die gewählten Worte und Metaphern von besonders großer Bedeutung.

»Das hat mir den Genickschuss gegeben«, meinte zum Beispiel vor vielen Jahren eine Trainerkollegin zu mir, als sie mir von einer schweren geschäftlichen Enttäuschung erzählte. Der eigentliche Vorfall war zum Erzählzeitpunkt auch schon längere Zeit her, aber der Eindruck, den sie dabei auf mich machte, war in diesem Augenblick kein sehr lebendiger. Nach einem Genickschuss ist man normalerweise ziemlich tot. Und wenn man gaaanz viel Glück hat, gelähmt. Und ziemlich präzise so wirkte damals die Kollegin auf mich: zwischen gelähmt und tot.

Machen Sie sich klar: die Begriffe, die Sie zur Beschreibung Ihrer Erfahrungen verwenden, sind keineswegs neutral, sondern haben je nach Situation einen mehr oder weniger großen Einfluss auf Ihre psychische Befindlichkeit. Von daher lohnt es sich sehr, wenn Sie die eigene Sprache einmal genauer unter die Lupe nehmen.

Ihre Sprache ist nicht nur der Spiegel Ihrer Grundstimmungen, Ihrer Einstellungen und Haltungen zu den Dingen Ihres Alltags. Gleichzeitig wirkt sie wieder zurück auf Sie und schafft beziehungsweise verfestigt Ihre Befindlichkeit. Wenn Sie jeden Tag in die dumme Firma gehen, wo nur die üblen Kollegen darauf warten, Ihnen irgendwelche überflüssigen Zusatzarbeiten auf Ihren ohnehin zu vollen beschissenen Schreibtisch zu knallen, dann nehmen diese Worte (auch unabhängig davon, was tatsächlich passiert!) entscheidenden Einfluss auf Sie und tragen einen bedeutenden Teil dazu bei, dass Sie richtig kräftezehrenden Stress bei der Arbeit haben werden.

»Man hat seine eigene Wäsche, man wäscht sie mitunter. Man hat seine eigenen Wörter – man wäscht sie nie.«

Bertolt Brecht

Was für ein Bild entsteht beispielsweise in Ihnen, wenn Sie sagen, dass die Wirtschaft/die XY-Branche/die Politik etc. »ein Haifischbecken« sei? Klar, wenn Sie in einem echten Haifischbecken wären, würde Ihnen, so Sie nicht ein ausgesprochener Haiexperte oder in einem Spezialkäfig geschützt sind, das Herz bis zum Hals schlagen und Sie könnten nur hoffen, dass Ihnen die Viecher nichts tun. Ein Stoßgebet wäre wohl so ziemlich das Einzige, was Ihnen an Handlungsmöglichkeiten noch bleiben würde.

Und das ist der entscheidende Punkt. Sorgen Sie unbedingt dafür, dass Sie sprachliche Bilder wählen, die Sie als Handelnden beschreiben. Und zwar auch dann, wenn Ihnen zunächst eine andere, negativere Beschreibung näherliegen würde (Sie erinnern sich: negative Gedanken sind für Ihr Gehirn die leichtere Übung!). Ich selbst empfinde die Wirtschaftswelt oft auch als ... na ja, nicht gerade einfach. Meine Lieblingsmetapher in diesem Zusammenhang ist daher: »In der Wirtschaft herrscht natürlich immer eine gewisse Wettkampfatmosphäre.« Als ehemaliger Wettkampfsportler verbinde ich damit auch einen gewissen Stress, eine

Anspannung. Aber immer auch eine durchaus erwartungsfrohe Jetzt-geht's-los-Stimmung, verbunden mit der (Vor-)freude, die Möglichkeit zu haben, zu zeigen, was ich kann.

Den-Stress-im-Griff-Tipp Nr. 21: Ändern Sie Begriffe und Metaphern

Die meisten Worte und Metaphern nutzen wir schon eine lange Zeit, sie sind sozusagen ein Teil von uns geworden. Das heißt aber nicht, dass wir sie nicht verändern könnten. Dies zu tun, kann gegebenenfalls eine wichtige Maßnahme für Ihr persönliches Stress- und Energiemanagement darstellen. Versuchen Sie zum Beispiel, Alternativen zu den untenstehenden Begriffen zu finden. Alternativen, die das Geschehen zwar nicht beschönigen, in Ihnen aber trotzdem das Gefühl erhalten, die/der Handelnde zu sein:

Alter Begriff, alte Metapher	Neuer Begriff, neue Metapher
Die Wirtschaft ist ein Haifischbecken.	Ich empfinde in der Wirtschaft immer eine gewisse Wettkampfatmosphäre.
Das kotzt mich an.	Ich bin unangenehm überrascht.
Ich bin am Boden zerstört.	
Ich hasse es ... (dieses oder jenes zu tun).	
Ich bin völlig gestresst ...	
Scheiße!	

Was für andere Begriffe fallen Ihnen noch ein, die Sie gewohnheitsmäßig verwenden und die eher für einen schlechten, »stressigen« psychischen Zustand stehen? Machen Sie sich eine persönliche Liste und experimentieren Sie ruhig etwas damit herum. Ziel ist einfach, dass Sie damit einen weiteren Mosaikstein setzen, um in einen energiereicheren und handlungsfreudigeren Zustand zu kommen.

Autosuggestionen

Es war zum Ende des 19. Jahrhunderts, in einer Apotheke in Nancy, einer Stadt im Norden Frankreichs. Dem knapp vierzig Jahre alten Apotheker Émile Coué fällt auf, dass es offenbar von großer Bedeutung für die Wirkung eines Medikaments war, mit welchen Worten er den Patienten die Arznei überreichte. Wenn er zum Beispiel sagte »Mit diesem Medikament werden Sie ganz sicher schnell gesund«, wurden seine Patienten tatsächlich sehr viel schneller gesund, als wenn er nichts dazu sagte. Damit hatte er schon einmal das Prinzip der »Suggestion« (von lateinisch suggestio = Hinzufügung, Eingebung, Einflüsterung) erkannt.

Ganz Wissenschaftler, der er war, hat er in der Folge viele weitere Studien angestellt. Er erkannte im Weiteren, dass die Suggestionen auch wirkungsvoll waren, wenn die Patienten sie selbst einsetzten. Diese neue von ihm entwickelte Technik nannte er nun »Autosuggestionen«.

Diese sind besonders wirkungsvoll, wenn sie einerseits kurz vor dem Schlafengehen und kurz nach dem Aufstehen konsequent wiederholt und andererseits, wenn sie mit einem Bild, einer konkreten Vorstellung verbunden werden. So kann sich ein Satz, wie zum Beispiel »Ich gehe ruhig und gelassen in das Zielvereinbarungsgespräch« besonders gut in Ihrem Unterbewusstsein verankern, wenn Sie ihn mit einem konkreten Bild (oder einem kleinen »Film«), das Sie in großer Souveränität im Gespräch mit Ihrem Vorgesetzten zeigt, verbinden.

Im nun folgenden »Den-Stress-im-Griff«-Tipp finden Sie ein Beispiel, wie so eine Autosuggestion aussehen kann. Sie können sie so übernehmen oder auch nach Ihrem eigenen Gutdünken verändern, sodass sie für Sie und Ihre Situation passt.

Den-Stress-im-Griff-Tipp Nr. 22: Autosuggestion – ein Beispiel
- Ich bin fest entschlossen, die Aufgaben, die der heutige Tag für mich bereithält, ruhig und gelassen anzugehen.
- Ich bin stark und trotze den Stürmen meines Alltags.
- Meine Stimme ist klar und fest und bewirkt eine entspannte Atmosphäre.
- Auch bei Wind und Wetter bleibe ich der Fels in der Brandung.
- Und wenn rund um mich herum die Hektik ausbricht: ich konzentriere mich in großer Ruhe und Gelassenheit auf die Lösung meiner Aufgaben.
- Egal was passiert: ich bleibe ruhig, sicher und gelassen.

Diese Autosuggestion wiederholen Sie nun vier Mal mit überzeugender, kräftiger Stimme und führen dies zwei Mal am Tag durch (am besten morgens nach dem Aufstehen und abends vor dem Schlafengehen).

Stress und Ernährung

»Wir schaufeln unser Grab mit den eigenen Zähnen!«

Thomas Moffett (1553 – 1604)

Das obige, über vierhundert Jahre alte, Zitat des englischen Arztes Thomas Moffett wird oft in Zusammenhang damit verwendet, dass unsere Ernährung viel zu fett- und zuckerhaltig und damit für viele sogenannte Wohlstandskrankheiten verantwortlich ist. Und es ist ja auch kaum wegzudiskutieren, zu eindeutig sind die Zahlen. Wir werden immer dicker und wir werden immer kränker. Diabetes ist eine Volkskrankheit mit einer seit Jahrzehnten epidemisch ansteigenden Zahl an Betroffenen. Da man von einer großen Dunkelziffer ausgeht, vermuten Experten, dass die Zahl der Erkrankten allein in Deutschland die Zehn-Millionen-Schwelle bereits überschritten hat. Mit Abstand die wichtigste Ursache von Diabetes ist eine unangemessene Ernährung, meistens verbunden mit Bewegungsmangel.

Doch dasselbe können wir auch sagen, wenn wir die Ernährung der allermeisten Deutschen unter dem Aspekt des Stress- und Energiemanagements betrachten. Da kannte ich es als Leistungssportler ja immer so, dass ich in hohen Belastungsphasen auch besonders gut auf meine Ernährung achtete. So machten es auch alle anderen Athleten, die ich kannte. Okay, fast alle. Eigentlich müsste das für Spitzenkräfte in anderen Bereichen genauso gelten. Auch wenn ihre Leistungen schwerpunktmäßig eher geistiger Natur sind: sie erbringen diese schließlich auch innerhalb ihres Körpers. Georg Friedrich Händel mag da in Bezug auf die Komposition seines »Messias« noch unsicher gewesen sein, wenn er gesagt hat: »Ich weiß nicht, war ich in dem Leib oder außerhalb des Leibs.« Bei uns Normalsterblichen besteht da in der Regel kein Zweifel.

Unser Körper ist sozusagen ein Gesamtkunstwerk, in dem alle Teile miteinander verbunden sind und keines losgelöst von den anderen funktioniert. Das gilt selbstverständlich auch für unser Gehirn. Hirnforscher weisen heute zusammen mit Ernährungswissenschaftlern nach, dass nur durch gute Ernährung sich die Leistungsfähigkeit unseres Gehirns erheblich steigern lässt, wenn es gleichzeitig auch genügend Schlaf erhält. Neben der Erholung ist vor allem die ausreichende Versorgung mit Vitalstoffen und Eiweiß für diese Leistungssteigerungen verantwortlich.

Im Sinne eines wirkungsvollen Stressmanagements ist es daher durchaus essenziell, darauf zu achten, dass unser liebes Hochleistungsorgan auch so funktionieren kann, wie es eben soll. Dabei ist es wichtiger, als die meisten glauben, zu beachten, was für eine Qualität das »Benzin« hat, das wir uns einverleiben, erst recht, wenn wir wissen, dass die knapp anderthalb Kilo quarkartiger Masse namens Gehirn rund 20 Prozent der Energie beansprucht, die wir Tag für Tag verbrauchen.

Die harte Realität, die auch ich Tag für Tag beobachten und erleben kann, sieht leider ganz anders aus. Insbesondere bei Spitzenkräften in der Wirtschaft (aber selbstverständlich nicht nur bei ihnen) läuft es allzu häufig genau umgekehrt ab. Wenn diese in einer Phase sind, in der sie stark gefordert werden, ernähren sie sich noch ungesünder als sonst schon. Zucker und Fett wie immer zu viel. Und Vitalstoffe, die für starke Nerven sorgen würden, werden sogar noch weiter reduziert. Klingt unglaublich, ist aber so. Die Folgen? Im Tagesverlauf sind viele schon am frühen Nachmittag platt und entsprechend gereizt und auf lange Sicht sinkt die Belastungsfähigkeit immer mehr. Doch eigentlich ist es gar nicht so schwer, entsprechend gegenzusteuern.

Frühstück

Wenn man in Ratgebern und Foren sich über die Bedeutung, die ein gutes Frühstück für die Gesundheit hat, informiert, kann man durchaus Unterschiedliches lesen. Da gibt es Experten, die betonen, dass jede ausgefallene Mahlzeit Kalorien spare und deshalb gut fürs Abnehmen sei und überhaupt, dass es letztendlich »nur« auf die Gesamtzahl der Kalorien ankomme.

Nun ist dies allerdings kein Ratgeber zum Abnehmen. Wir wollen uns von der Frage leiten lassen, wie wir den ganzen Tag möglichst viel Energie haben, und insbesondere, was wir essen müssen, damit wir dem Stress mit möglichst starken Nerven begegnen können.

Und gerade unter diesem Aspekt ist das Weglassen des Frühstücks offen gesagt keine besonders gute Idee. Das Problem dabei: die inneren Organe und Ihr Immunsystem verbrauchen auch in der Nacht Energie, auch die Körpertemperatur muss konstant gehalten werden. Da Sie erstmal keine schnell verfügbaren Energiereserven haben, ist auch der Blutzuckerspiegel unten. Große Leistungssprünge sind unter diesen Voraussetzungen kaum möglich, schon gar nicht, wenn sie mit hohen Anforderungen an Nerven und Konzentration verbunden sind.

TIPP

Den-Stress-im-Griff-Tipp Nr. 23: Frühstücken Sie!
Gehen Sie möglichst nicht ohne Frühstück aus dem Haus. Und wenn Sie zunächst nichts runterbringen: Trinken Sie wenigstens ein Glas Saftschorle und holen Sie dann Ihr gesundes Frühstück im Laufe des Vormittags nach.

Wir brauchen Vitalstoffe

Okay, das wissen wir: wer Zucker in den Tank seiner Rennsänfte füllt, hat bald keine Rennsänfte mehr, sondern einen Stand-Wagen. Einen Wagen, der eben nicht mehr fährt, sondern nur noch steht.

Ganz so drastisch ist es bei uns ja nicht. Unser Körper braucht sogar ein gewisses Maß an Zucker beziehungsweise Kohlenhydraten, um anständig funktionieren zu können. Das Problem dabei ist, dass es viel, viel weniger ist, als uns die Nahrungsmittelindustrie schon seit Jahren glauben machen will.

Neben dem Zuviel in der Nahrung gibt es aber auch ein Zuwenig. Und dieses Zuwenig betrifft die Vitalstoffe. Zwar hat die Nationale Verzehrstudie II aus dem Jahr 2008 festgestellt, dass der, der sich ausgewogen ernährt, sicher sein könne, »mit den wichtigsten Vitaminen und Nährstoffen versorgt zu sein«. Leider ist es aber auch Fakt, dass weite Bevölkerungskreise gerade das nicht tun. Und wenn wir den Stress in den Griff bekommen wollen, dann müssen wir bedenken, dass wir von verschiedenen Vital- und Nährstoffen deutlich mehr benötigen. Die von der Deutschen Gesellschaft für Ernährung angegebenen Richtwerte helfen da nur wenig weiter.

An dieser Stelle möchte ich nur auf einige Vitamine und Mineralien hinweisen, die Sie in »stressigen« Zeiten in besonderem Maße benötigen.

Vitamin B1 – Das »Gute-Laune«-Vitamin

Zunächst müssen wir auf ein äußerst wichtiges Vitamin zu sprechen kommen, ohne das es nur schwer möglich ist, nervenstark durch den Tag zu kommen, das Vitamin B1 (Thiamin). Seine Hauptaufgabe ist, die Kohlenhydrate in Glukose aufzuspalten. Glukose benötigen vor allem Ihre Nerven und Ihr Gehirn. Die andere Energieform, Fette, können sie überhaupt nicht verwerten.

Dummerweise erreichen 45 Prozent der Frauen und 61 Prozent der Männer[16] noch nicht einmal die von der Deutschen Gesellschaft für Ernährung angegebene Mindestmenge von Vitamin B1. Was das für deren Gedächtnisleistung, ihre Lernfähigkeit und Konzentration bedeutet, können Sie sich leicht ausrechnen.

Die ist dann auf äußerst niedrigem Niveau. Wichtige Informationen werden immer häufiger vergessen, die Stimmung ist im Keller und die Aufmerksamkeit auch. Überforderungsgefühle machen sich oft schon bei durchschnittlichen Alltagsproblemen breit, die Belastungsfähigkeit ist also äußerst gering.

Warum in einem Land, in dem die Tische doch meistens reichlich bis überreichlich gedeckt sind, so viele Menschen einen Mangel an Vitamin B1 haben, ist schnell erzählt. Im Wesentlichen sind zwei Gründe dafür verantwortlich:

1. Wenig bis keine Lebensmittel, die Vitamin B1 enthalten beziehungsweise Lebensmittel, die durch Verarbeitung schon bis zu 80 Prozent des Vitamins B1 verloren haben.
2. Alkohol.

Vitamin B1 ist vor allem in Vollkornprodukten enthalten. Zuwenig davon haben Sie also vor allem dann, wenn Sie Baguette, Weißmehlbrötchen und Teilchen lieben und Vollkorn, Müsli etc. meiden. Womit wir wieder beim Frühstück wären ...

Einige wichtige Vitamin-B1-Lieferanten [17] sind:
- Weizenkeime (2,01 mg pro 100 g)
- Sonnenblumenkerne (1,9 mg)
- Vollkorngetreide (0,35-0,46 mg)
- Erbsen (0,3 mg)
- Haferflocken (0,59 mg)

Der von der DGE angegebene Minimalbedarf liegt bei gerade mal 1 bis 1,3 mg für einen Erwachsenen. Nicht besonders viel, möchte man meinen. Trotzdem ist es kaum die Hälfte der Bevölkerung, die dies erreicht. Doch die Lage ist noch weitaus dramatischer. Der Grund liegt darin, dass der Durchschnittsdeutsche ungefähr 5 Prozent seiner täglichen Kalorienaufnahme über den Alkohol zu sich nimmt. Aber Alkohol ist ein äußerst gefräßiger Vitamin-B1-Vernichter, der Bedarf kann sich da ganz schnell vervielfachen. Darüber hinaus hemmt der Alkohol die Aufnahme von Vitamin B1 im Darm und den Transport in die Nervenzellen.

So, und nun komme ich doch noch einmal zum Thema »Frühstück« zurück:

Den-Stress-im-Griff-Tipp Nr. 24: Früchtemüsli – der Vitamin-B1-Top-Lieferant
Machen Sie sich zum Frühstück ein Müsli und schnippeln Sie nebst anderem Obst auch noch eine Banane rein. Damit starten Sie mit einer echten Vitamin-B1-Bombe in den Tag und irgendwelche nervigen Zeitgenossen, Zeitdruck und andere Stressoren werden Ihnen viel, viel weniger anhaben können.

Noch ein paar B-Vitamine

Aber der Stress hat noch weiteren Appetit auf B-Vitamine, nicht nur auf B1. Auch Vitamin B2 (Riboflavin) frisst er in großen Mengen. Dadurch bleibt das Stresshormon Noradrenalin in der Niere, statt dass es in Ihrem Oberstübchen für Euphorie und Leistungsfähigkeit sorgt. Auch für Ihren Kohlenhydrat- und Fettstoffwechsel ist Vitamin B2 von hoher Bedeutung und außerdem erhält es die Schutzschicht, die Ihre Nerven umhüllt.

Und dann ist da auch noch der wichtigste Kooperationspartner, den Ihr »Mitarbeiter«, der Stress, bei den Vitaminen hat. Es ist das Vitamin B5, das auch unter dem Namen »Pantothensäure« bekannt ist und an der Energiegewinnung in jeder Zelle beteiligt ist. Es sorgt für mentale Fitness und geistige Frische. Es ist zuständig für Lernen und Merken, Logik und Brillanz und für die Bildung von Adrenalin, also jenem Hormon, das Sie Ihre Zusammenarbeit mit Ihrem »Mitarbeiter« Stress gut überstehen lässt. Zusammen mit den anderen B-Vitaminen verhilft es zu Kraft und stabilen Nerven.

Das Gute dabei: es ist ausreichend in unserer Nahrung vorhanden, vor allem in Gemüse, Weizenkeimen und Leber, aber auch in Vollkorn- und Milchprodukten, Eiern, Reis und Nüssen. Eine Unterversorgung ist daher sehr selten, sie kann aber zum Beispiel bei Darmerkrankungen oder Alkoholmissbrauch vorkommen.

Auch mit einem Vitamin B6-Mangel ist es nicht möglich, stark und souverän mit dem Alltagsstress umzugehen. Und im Gegensatz zu einem Vitamin B5-Mangel tritt ein solcher recht häufig auf, nicht nur bei Schwangeren und bei älteren Menschen, die dafür ein erhöhtes Risiko tragen. Folge solch eines Mangels sind Konzentrationsverlust und Schlafprobleme sowie, damit natürlich zusammenhängend, eine stark erhöhte Reizbarkeit und Aggressivität.

Vor allem aber ist Vitamin B6 für den Aufbau der Neurotransmitter wichtig. Diese Botenstoffe geben über die jeweiligen Kontaktstellen, die Synapsen, die Signale von einer Nervenzelle zur anderen weiter. Außerdem ist es an der Bildung von Serotonin, Noradrenalin, Dopamin und Taurin beteiligt. Serotonin, Noradrenalin und Dopamin sind alle für kreatives Denken zuständig. Serotonin ist außerdem ein Ruhe-Botenstoff, der für einen guten Schlaf sorgt. Noradrenalin und Dopamin sorgen über die Kreativität hinaus auch für eine optimistische, unbeschwerte Grundhaltung. Fehlt Ihnen Dopamin, dann kommt es zu schweren Depressionen. Auch Taurin ist für starke Nerven zuständig und gerade in Stressphasen unerlässlich.

Außerdem schadet ein Vitamin-B6-Mangel auch Ihrem Immunsystem. Auch aus diesem Grund ist dieses relativ unbekannte, »kleine« Vitamin äußerst wichtig, wenn Sie souverän und gelassen auch durch »stressige« Zeiten kommen wollen.

Schließlich möchte ich an dieser Stelle noch das Vitamin B9 erwähnen. Meistens kennt man es allerdings nicht unter diesem Namen, sondern als »Folat« oder, noch häufiger, als »Folsäure«. Eigentlich sollte Folat kein Problem sein, wenn auch regelmäßig grünes Blattgemüse wie Salate, Spinat oder Mangold bei Ihnen auf den Tisch kommt. Trotzdem erreichen nur ganz wenige Leute auch nur die Minimalzufuhr. Der Grund liegt einfach darin, dass Folat extrem empfindlich ist. Schon bei einer Lagerzeit von drei Tagen geht die Hälfte verloren und bei einem zweiminütigen Kochen verabschieden sich bereits etwa 90 Prozent. Vor allem Schwangere müssen daher die künstliche Form, die unter dem Namen »Folsäure« bekannt ist, zusetzen. Ernährungs- und Vitaminexperten wie beispielsweise die bekannten Präventivmediziner Dr. Michael Spitzbart und Dr. Ulrich Strunz empfehlen allerdings generell, Folsäure zuzusetzen, da erstens nur etwa 1 Prozent der Bevölkerung die Minimalzufuhr erreicht und zweitens durch einen Folatmangel nicht »nur« Fehlgeburten und Missbildungen bei Neugeborenen verursacht werden können, sondern auch Herzinfarkte, Müdigkeit und Depressionen. [18]

Warum Vitamin-Bedarfsangaben wenig helfen

Auf den Verpackungen vieler Lebensmittel finden sich Sätze in der
Art: »Mit nur einer Portion decken Sie die Hälfte des von der DGE
empfohlenen Tagesbedarfs an ...«. Und dann wird eines oder mehrere
Vitamine und/oder andere Nährstoffe angegeben.

Die DGE ist die Deutsche Gesellschaft für Ernährung, die 1953 gegründet
wurde und gleich in den ersten Jahren ihres Bestehens für jedes Vitamin
und jeden Mineralstoff einen Tagesbedarf festgelegt hat. Leitlinie war der
Minimalbedarf für einen gesunden Menschen mittleren Alters, der auch
nur durchschnittlichen Belastungen ausgesetzt ist. Dieser Minimalbedarf
war bewusst niedrig angesetzt und nur gerade so hoch, dass damit
Mangelkrankheiten verhindert werden konnten. Diese damals erstellten
Grenzwerte sind heute noch gültig.

Die damit verbundene Problematik liegt eigentlich auf der Hand.
Die Belastungen der Menschen sind stark unterschiedlich und stark
unterschiedlich ist von daher auch der Vitamin- und Mineralstoffbedarf.
Schon wenn Sie regelmäßig Sport treiben, kann er leicht ein Vielfaches
dessen betragen, was die DGE angibt. Auch wenn Sie beispielsweise
Raucher sind, hohe Blutfettwerte haben oder schwanger sind, ist
Ihr Bedarf für so manches der 14 Vitamine oder an Mineralstoffen
stark erhöht. Und ganz besonders gilt das im Stress. Dieser ist ein
ausgesprochen gefräßiger Vitaminvertilger. In den Zeiten, da er
Ihr Begleiter ist, können Sie viele DGE-Angaben zu Ihrem Vitamin-
Tagesbedarf schlichtweg vergessen.

Den-Stress-im-Griff-Tipp Nr. 25: Sorgen Sie für B-Vitamine!

TIPP

Das ist gar nicht so schwer. Was Sie dafür tun sollten, ist vor allem die Er-

höhung des Vollkorn- und Gemüseanteils der Ernährung und die Reduzierung

oder noch besser, die Verbannung von Junkfood sowie Baguette und anderen

Weißmehlprodukten von Ihrem Speiseplan. Zur Unterstützung finden Sie hier

ein paar der wichtigsten Lieferanten von Vitaminen der B-Gruppe.

	Wirkung (unter anderem)	Enthalten in
B1	Stimmungsvitamin; gutes Gedächtnis	Vollkornprodukten, Weizenkeimen, Bananen, Sojabohnen, Hülsenfrüchten
B2	Erhält die Nervenschutzschicht; wichtig für die Energie-produktion (Fettstoffwechsel)	Milchprodukten, Bierhefe, Hühnerbrust, Weizenkeimen, Pilzen, Haferflocken
B6	Schützt vor Nervosität, Schlaflosigkeit, Reizbarkeit und Depressionen; Aufbau des Immunsystems	Lachs, Sardinen, Huhn, Bananen, Roggenvollkornmehl, Sellerie
B9 – Folat	Verschafft Energie durch die Mitwirkung an der Produktion der Glücksbotenstoffe Serotonin, Noradrenalin und Dopamin	Grünem Blattgemüse, Obst

Magnesium

Ein weiterer wichtiger Nervenstärker ist Magnesium. Beim »Salz der inneren Ruhe«, wie es auch genannt wird, gilt Ähnliches wie beim Vitamin B1. Mit einem Mangel daran haben Sie es schwer, mit starken Nerven all die kleinen und großen Herausforderungen zu meistern, die Ihr Alltag so für Sie bereithält.

Viel brauchen Sie eigentlich nicht, nur aus etwa 20 Gramm Magnesium sollte Ihr Körper bestehen. Diese 20 Gramm entscheiden allerdings sehr wesentlich mit, wie gut Sie den Stress im Griff haben ... oder auch nicht.

Aus diesem Grund sollte Ihre Tageskost etwa 300 bis 600 Milligramm Magnesium bereitstellen (Männer benötigen wegen der größeren Skelettmasse etwas mehr als Frauen). Eigentlich ist es in sehr vielen Nahrungsmitteln enthalten. Trotzdem wird es für viele immer schwieriger, allein über die Ernährung eine ausreichende Versorgung sicherzustellen, vor allem wenn sie sich vorwiegend mit Fertigprodukten, Tomaten aus holländischen Gewächshäusern, Weißmehlprodukten etc. ernähren. Da kann es durchaus sinnvoll sein, zusätzlich ein Präparat aus Magnesiumcitrat, -aspartat oder -succinat einzunehmen. Sie sind an Eiweiß gebunden und werden besser aufgenommen als das ebenfalls angebotene Magnesiumoxid. Ein erhöhter Bedarf ist unter anderem dann gegeben, wenn Sie ständig unter Stress stehen, Sportler sind, gerne Alkohol trinken oder Diabetiker sind. Auch nach einem Hörsturz oder bei unruhigem Schlaf macht eine zusätzliche Einnahme von Magnesium Sinn. [19]

Wirkliche Nervennahrung

Wenn ich in Sachen Ernährung an einer Stelle so richtig versuchbar bin, dann ist es Schokolade. »Nervennahrung« habe ich dazu früher immer gesagt. Das war natürlich eine Ausrede. Zwar streichelt sie durchaus mal kurz die Seele, aber diese Wirkung ist schnell vorbei und die zweite Wirkung ... na ja, die ist dann auf meinen Hüften zu begutachten. Dass sich mein Bauchumfang trotzdem sehr in Grenzen hält, hat nun verschiedene Gründe. Einer davon ist aber ganz sicher, dass es da eine Alternative gibt, die mit sehr viel höherer Berechtigung das Etikett »Nervennahrung« für sich in Anspruch nehmen kann und ebenfalls sehr gut schmeckt.

Den-Stress-im-Griff-Tipp Nr. 26: Echte Nervennahrung – das gute, alte Studentenfutter

Vor allem die darin enthaltenen Nüsse. aber auch die Trockenfrüchte enthalten viel Magnesium und auch das schon erwähnte Vitamin B1. Deswegen habe ich während dem Schreiben dieses Buches kaum Schokolade, aber so einiges an Studentenfutter vertilgt.

Darüber hinaus denke ich, dass die Botschaft dieses Kapitels durchaus deutlich geworden ist. Ich kann Ihnen nur raten, auf eine vitaminreiche Kost zu achten. In vielen, sehr vielen Fällen kann allein dadurch ein sehr großer Unterschied in Sachen Stressresistenz gesetzt werden, selbst dann, wenn sich an den äußeren Begebenheiten nicht viel ändern sollte.

Energie-Drinks machen schlapp!

Attraktive, sportliche, junge Leute machen es vor: bei Müdigkeit einfach eine Dose eines Energie-Drinks die Kehle runterkippen und schon hast du wieder Power ohne Ende. Was an der Aussage stimmt, ist, dass man zunächst tatsächlich einen Energieschub bekommt. Was nicht stimmt, ist »ohne Ende«; denn das Ende kommt sehr, sehr schnell. Nach kaum mehr als einer halben Stunde ist es vorbei mit der Herrlichkeit.

Der Grund liegt darin, dass diese Drinks nicht nur Koffein enthalten, sondern auch eine gute Ladung eines Einfachzuckers, in der Regel Dextrose. Dieser geht zwar schnell ins Blut über und liefert dabei sofort Energie. Das Dumme dabei ist, dass Ihr Blutzuckerspiegel schon nach kurzer Zeit wieder in die Tiefe rauscht.

Bei Untersuchungen mit Autofahrern erhielten die Testpersonen koffein- und dextrosehaltige Getränke in unterschiedlichen Dosierungen. Anschließend ging es in den Fahrsimulator, es war eine zweistündige Autofahrt angesagt. Resultat: es hielten diejenigen länger durch, die nur Koffein zu sich genommen haben. Je höher die Dextrose-Dosis im Getränk war, desto schneller klappten die Augenlider nach unten. Und die Energiedrinks aus dem Supermarktregal … haben einen besonders hohen Dextroseanteil. Sonst wären sie weniger süß und würden wohl auch weniger gekauft. [20]

Erholung und Entspannung

Eine der ersten Weisheiten, die ein junger Athlet beigebogen bekommt, wenn er den Schritt zum ernsthaften Wettkampfsportler macht ist: »Wer nicht regeneriert, verliert!« Und nach einigen entsprechenden Erfahrungen haben es die meisten auch kapiert. Wenn die Erholung nicht stimmt, kann ich zwar noch an den Start gehen und eine gewisse Basisleistung abliefern. Für eine Spitzenleistung reicht es aber eben nicht mehr und es ziehen sogar Konkurrenten an einem vorbei, die man sonst locker im Griff gehabt hätte. Aus diesem Grund sind die Top-Athleten auch oft sehr stur, wenn es um die eigene Erholungszeit geht. So haben es vor Jahren viele nicht verstanden, dass der siebenfache Formel-Eins-Weltmeister Michael Schumacher sich sogar geweigert hatte, seinen Urlaub zu unterbrechen, um die Ehrung zum Sportler des Jahres entgegenzunehmen. Wer es am ehesten verstanden hat, waren andere Top-Athleten. Sie wissen: Wer nicht regeneriert, verliert und ohne ausreichende Erholung gibt es keine Spitzenleistung, schon gar nicht auf Dauer.

Ich bin immer wieder erstaunt, wie wenig diese grundlegende Erkenntnis in den Führungsetagen der Wirtschaft und da vor allem bei uns im deutschsprachigen Raum angekommen ist. Erst 2011 wurde eine Emnid-Umfrage[21] veröffentlicht, die unter Führungskräften in fünf Ländern durchgeführt wurde. Nach deren Angaben schlafen sie im Durchschnitt gerade mal sechseinhalb Stunden. Von diesen gaben 61 Prozent an, dass ihre Arbeit unter dem Schlafmangel leiden würde, aber auch ... dass sie an ihren Schlafgewohnheiten nichts ändern wollen. Eine ausgesprochen dumme Haltung; denn der Nachtschlaf ist mit Abstand die wichtigste Erholungszeit! Wenn Sie regelmäßig zu wenig Schlaf bekommen, dann können Sie das nirgends ausgleichen. Nicht mit Ausschlafen am Wochenende und auch mit dem schönsten Jahresurlaub nicht.

Also noch einmal: ohne ausreichende Erholung keine Spitzenleistung! Sehen Sie einen Grund, warum dies in anderen Hochleistungsbereichen anders sein sollte? Ich auch nicht.

Außerdem tun wir gut daran, auch unsere langfristige Leistungsfähigkeit in den Blick zu nehmen. Und die wird massiv gefährdet, wenn Sie auf Dauer das Naturgesetz missachten, dass jeder biologische Organismus sich wieder erholen muss, wenn er eine Zeit lang einer anstrengenden Tätigkeit nachgegangen ist. Wenn Sie nicht für diese Erholung sorgen, zahlen Sie einen hohen Preis.

Wir brauchen Entspannung

Mein Freund Eric aus Kamerun war ein imposanter Mann. Scheitel und Zehenspitzen lagen etwa zwei Meter auseinander und außerdem war er ein austrainierter und äußerst kräftiger Athlet, der erfolgreich Volleyball spielte. Gegen ihn war ich ein kleiner Pinocchio. Das wurde vor allem dann deutlich, wenn er mich umarmte, was er immer tat, wenn wir uns begrüßten. Man sah mich in solchen Momenten hinter seinen mächtigen Armen sozusagen nicht mehr ... ;-)

Vor mittlerweile fünfzehn Jahren war Eric für mich der ideale Mann für meinen Umzug von Wuppertal nach Leverkusen. Dass er allerdings meine Anfrage nicht abgelehnt hat, hat mich im Nachhinein sehr erstaunt. Doch davon später; denn erstaunt hat mich zunächst etwas anderes.

Zwei Mal fuhren wir mit noch einigen anderen Helfern von Wuppertal nach Leverkusen. Dazwischen hat Eric wohl mehr geschleppt als wir anderen zusammen. Doch auf den Fahrten dauerte es jeweils keine zwei Minuten ... und Eric hat tief und fest geschlafen. Er wachte jedes Mal erst dann wieder auf, als der kleine Transporter sein Ziel erreicht hat und der Motor aus war!

Nachdem wir das zweite Mal in Leverkusen angekommen sind und Eric wieder die schwersten Teile allein geschleppt hatte, verabschiedete er sich etwas vorzeitig: er musste noch zu einem Bundesligaspiel. Nein, nicht als Zuschauer, sondern als Volleyballspieler ...

Ich hätte es selbstverständlich nicht gewagt, Eric um Mithilfe bei meinem Umzug zu bitten, wenn ich schon vorher von dem Bundesligaspiel gewusst hätte. Als ehemaliger Leistungssportler wusste ich schließlich selbst um die hohe Bedeutung, die es hat, ausgeruht zum Wettkampf zu kommen.

Dadurch habe ich aber, quasi nebenbei, noch eine unvergessliche Lektion in Sachen Entspannung bekommen. Diese Fähigkeit war bei Eric offensichtlich weiter entwickelt, als bei irgendjemandem sonst, der mir bisher in meinem Leben begegnet ist.

Mehr als vieles andere hat mich die Geschichte mit Eric auch gelehrt, wie bedeutsam es ist, dass gerade Spitzenleister, egal ob im Hochleistungssport, im Beruf oder wo auch immer, nicht nur lernen müssen, hart an ihrem Erfolg zu arbeiten beziehungsweise zu trainieren. Genauso wichtig, vor allem wenn es um kontinuierliche Spitzenleistung geht, ist die Fähigkeit zur Entspannung. Ein Top-Performer zeichnet sich gerade durch diese Fähigkeit in hohem Maße aus. Sie ist entscheidend, wenn er auch im fortgeschrittenen Lebensalter noch Spitzenleistungen bringen und dabei gesund und vital bleiben will.

Doch gerade dies fällt vielen Menschen zunehmend schwer. Eine Vielzahl von Anforderungen und Umweltreizen verlangt unsere Aufmerksamkeit und lässt scheinbar dauernd tausend Gedanken gleichzeitig durch den Kopf schwirren. Kein Wunder, dass sich immer mehr Menschen überfordert fühlen in einer Welt, die die Zahl 24 als Symbol für eine Erreichbarkeit rund um die Uhr erkoren hat. Ein Symbol, das allerdings auch mehr und mehr für die Ruhelosigkeit sowohl für unsere Gesellschaft als Ganzes als auch für viele einzelne Menschen steht.

Rhythmus und Rituale

Die Welt verändert sich in rasendem Tempo. Neue Techniken, die gestern noch kaum bekannt waren, erobern in Windeseile unsere Lebenswelt und werden, kaum etabliert, wieder von neuen Errungenschaften abgelöst. Noch vor zwei Generationen war der Lebensarbeitsplatz ein Ziel, das viele junge Berufstätige anstrebten, heute scheint dies nur noch ein Relikt aus einer lange vergangenen Zeit. Und auch im Privatleben kennen viele Menschen vor allem den Wechsel als hauptsächliche Konstante, die Begriffe »Lebensabschnittspartner« oder »Patchworkfamilie« legen darüber ein beredtes Zeugnis ab.

Wir können die Zeiger der Uhren nicht zurückdrehen, die starke und schnelle Veränderung ist das wohl stärkste Kennzeichen unserer Zeit. Doch eines sollte uns ebenso klar sein: Gesundheit, innere Stabilität,

Gelassenheit und Souveränität sind Dinge, die im sich immer schneller drehenden Karussell des Lebens nicht zu haben sind, wenn wir nicht regelmäßig wiederkehrende Ruhepunkte haben, während denen das Karussell stillsteht und wir neue Kräfte tanken können.

Von kaum zu überschätzender Bedeutung sind daher unterschiedlichste Rituale, die dem Leben Stabilität und einen festen Rhythmus verleihen. Ankerpunkte, die bleiben, auch wenn sonst das Lebensschiff so manchen Sturm durchkämpfen muss.

Alltagsrituale

Da sind einmal die Alltagsrituale. Grundsätzlich kann man sagen, dass Sie umso sicherer durch Ihr Leben navigieren können, je mehr solche festen Ankerpunkte Sie haben. Und umgekehrt, je weniger Sie haben, desto mehr Variabilität, aber auch je mehr Unsicherheit laden Sie in Ihr Leben ein. Sie müssen dann auch immer wieder neu entscheiden, was auch immer wieder neu Zeit kostet und Kräfte bindet. Kräfte, die für andere Dinge dann nicht zur Verfügung stehen.

Als ich vor vielen Jahren mal arbeitslos wurde, war mir dies zum Glück schnell klar. Theoretisch hätte ich ja den ganzen Tag im Bett bleiben und dafür die Nacht zum Tage machen können. Tat ich damals nicht und tue ich auch heute nicht. Denn als freiberuflich tätiger Mensch sagt mir auch heute noch niemand, dass ich um acht Uhr am Schreibtisch zu sitzen habe. Die Wahrheit ist allerdings, dass ich an fast allen Tagen um diese Zeit schon mehrere Stunden am Schreibtisch gesessen habe. Da ist nichts Heroisches dabei, ich war schon immer ein Frühaufsteher und liebe die frühen Morgenstunden. Wichtig ist mir allerdings auch, dass ich stets eine feste Tagesstruktur habe. Verliere ich sie, leidet meine Produktivität und dann ist es auch schnell einmal passiert, dass ich in Zeitnot gerate, erst recht, wenn ich diese Struktur häufiger aus den Augen verliere.

Den-Stress-im-Griff-Tipp Nr. 27

Sie sind der Chef Ihrer Zeit; auch wenn Sie einen Teil Ihrer Zeitautonomie abgegeben haben (zum Beispiel an die Firma, bei der sie angestellt sind), sollten Sie darauf achten, dass Sie zumindest einige unverrückbare Eckpunkte Ihrer Tagesplanung selbst festlegen. Setzen Sie insbesondere feste Zeiten für Ihre wichtigsten Arbeiten durch, in denen Sie nicht gestört werden und das Handy ausbleibt.

Einschlafrituale

Ein erster wichtiger Punkt für das Gelingen eines Tages ist am Vorabend. Der besteht einfach darin, dass ich immer zu etwa der gleichen Zeit ins Bett gehe. Das ist relativ früh, deutlich vor Mitternacht, so ich nicht unterwegs bin, meistens auch vor dreiundzwanzig Uhr, da ich, wie gesagt, recht früh aufstehe. Diesen Rhythmus halte ich übrigens auch am Wochenende ein. Der Grund ist ein einfacher. Wenn ich am Wochenende lange ausschlafe, bin ich am Sonntag Abend einfach nicht müde genug, um rechtzeitig ins Bett zu kommen. Folge: weil ich automatisch so etwa um fünf Uhr aufwache, starte ich dann gleich mit einem Schlafdefizit in eine neue Woche. Allzu lange liegen zu bleiben, ist daher für mich und mein Energiemanagement keine wirklich gute Idee. Es ist einfach zusätzlicher Stress für den Körper und solange ich dies vermeiden kann, tue ich es auch.

Den-Stress-im-Griff-Tipp Nr. 28

Achten Sie auf möglichst gleichbleibende Bettgeh- und Aufstehzeiten.

Viele Kollegen raten, nicht »bis ultimo« zu arbeiten und sie haben eine Menge Gründe dafür. Schließlich sollte man die Probleme des Tages nicht mit ins Bett nehmen, dies ist für einen guten Schlaf nicht gerade förderlich. Da ich aber am Nachmittag oft eine Pause auf dem Rennrad einlege, arbeite ich auch abends in der Regel bis etwa halb zehn oder auch mal etwas länger. Allerdings achte ich darauf, dass ich in den letzten Stunden des Tages Arbeiten erledige, die mir Spaß machen, damit ich wirklich mit einem positiven Gefühl ins Bett gehen kann. In meinem Fall heißt das, dass ich keine Administration abends mache, weil ich praktisch alle anderen Arbeiten vorziehe. Da ich abends oft noch einmal einen Kreativitätsschub habe, schreibe ich dann meistens an einem Artikel oder einem neuen Buch oder ich lese noch etwas Fachliteratur. Diese Zeilen zum Beispiel schreibe ich gerade in den etwas fortgeschritteneren Abendstunden. Danach gibt es noch eine kurze Tagesbilanz, ein bisschen lesen, ein Gebet, manchmal noch etwas Musik. Auch dies sind feste Rituale und ich bin fest davon überzeugt, dass diese festen Rituale ein sehr wesentlicher Grund dafür sind, dass bei den über 18.000 Nächten, die ich in meinem Leben schon erlebt habe, nur ganz, ganz wenige dabei waren, während derer ich nicht gut und tief und fest geschlafen habe.

Den-Stress-im-Griff-Tipp Nr. 29

Überprüfen Sie Ihre Bettgeh- und Aufstehrituale und verändern Sie sie, wenn sie Ihnen nicht helfen, gut und schnell einzuschlafen und gut erholt wieder aufzuwachen.

Die Art Ihrer persönlichen Einschlaf- und Aufstehrituale mögen durchaus unterschiedlich zu den meinen sein. Ich empfehle Ihnen aber sehr, dass Sie diese für sich überprüfen und gegebenenfalls verändern. Stellen Sie sich die simple Frage, ob sie Ihnen helfen, gut einzuschlafen und am andern Morgen wirklich erfrischt und mit guten Gedanken wieder aufzustehen. Wenn ja, behalten Sie sie bei, wenn nein, suchen Sie nach neuen Formen. Experimentieren Sie zum Beispiel mit Musik oder auch einem entspannenden Bad am Abend. Alles, was Sie auf gesunde Weise zur Ruhe kommen lässt, lohnt sich.

Essrituale

Wichtige »Tankstellen« im Tagesverlauf sind natürlich auch die Essenszeiten. Wobei sich das Auftanken nicht nur auf die Energie, die in der Nahrung steckt, bezieht. Die Pause, das Unterbrechen der Arbeit und wenn möglich die Kommunikation mit Familienmitgliedern oder auch Kollegen sind ebenfalls wichtige Aspekte, die Ihren Energietank wieder auffüllen lassen.

Was für die Rituale in Zusammenhang mit dem Schlaf gilt, stimmt auch beim Essen. Ihr Körper liebt Gewohnheiten, weil diese seinen Stress schon einmal erheblich reduzieren. Immer wieder andere Essenszeiten sind etwas, was er auch gar nicht mag.

Den-Stress-im-Griff-Tipp Nr. 30   TIPP

Achten Sie auch auf regelmäßige Essenszeiten. Ihr Körper dankt es Ihnen!

Auch über die Schlaf- und Essensrituale hinaus helfen feste Zeiten im Tagesverlauf. Gerade in einer Zeit, in der wir mit so vielen Unwägbarkeiten umgehen und immer wieder schnell reagieren müssen, in der

der Wechsel die einzige Konstante zu sein scheint und in der heute schon nicht mehr gilt, was gestern noch Gesetz war, sind solche festen Punkte wichtig. Natürlich geht es nicht darum, sich sklavisch und ohne Rücksicht auf Verluste an Strukturen zu halten. Gelegentlich muss man sicher auch flexibel mit ihnen umgehen. In der Regel erleichtern sie uns das Leben aber enorm.

Wochen-, Monats- und Jahresrituale

Was für den einzelnen Tag gilt, gilt auch für Wochen-, Monats- und Jahresabläufe. Auch hier können uns feste Rituale helfen, wenigstens einen Rest von Ordnung und Berechenbarkeit zu erleben. Leider wurde vieles davon in den vergangenen Jahren und Jahrzehnten infrage gestellt oder gleich ganz abgeschafft. Exemplarisch dafür sind beispielsweise die Diskussion um den Sonntag als Ruhetag (verkaufsoffene Sonntage) oder das Veranstaltungsverbot an Karfreitag. Einerlei, wie man zu der religiösen Bedeutung steht, denke ich, ist es legitim, fragen zu dürfen, was wir jeweils stattdessen gewinnen. Allzu oft tauschen wir Zeiten der Stille und der Ruhe gegen neue Ruhe- und Orientierungslosigkeit ein. Wenn wir lernen wollen, in einer immer hektischer werdenden Zeit mit größerer Gelassenheit den neuen Anforderungen zu begegnen, dann sollten wir uns gut überlegen, ob wir nicht wieder bewusster auch die Ruhezeiten im Wochen-, Monats- und Jahresverlauf begehen sollten, um dies zu erreichen.

Ärgernisse entsorgen – aber subito

Wie schon mehrfach betont, leben wir in einer schnelllebigen Zeit. In vielen Bereichen wird das Tempo immer höher und immer mehr Menschen können es nicht mehr mitgehen. Aus diesem Grund rate ich da und dort auch immer mal wieder, Tempo rauszunehmen, neudeutsch, das Leben zu entschleunigen.

Nun kommen wir aber an einen Punkt, an dem ich Ihnen tatsächlich zu höherem Tempo rate. Dies deshalb, weil hier ein höheres Tempo eben nicht höheren Stress bedeutet, ganz im Gegenteil.

Es geht um die großen und kleinen Ärgernisse des Alltags. Wie lange erlauben Sie diesen, Ihre Kraft zu blockieren? Komische Frage? Vielleicht, aber eine, deren Antwort großen Einfluss darauf hat, ob Sie am Ende des Tages Ihre Tagesziele erreicht haben und folglich auch wie zufrieden Sie auf diesen zurückblicken können.

Wie bedeutsam die Fähigkeit, Ärgernisse schnell zu entsorgen, ist, hat der Sportpsychologe Jim Loehr auf eindrückliche Weise in seiner Arbeit mit Top-Tennisspielern erlebt.[22] Zunächst bewegte ihn eine alte Frage aus der sportpsychologischen Persönlichkeitsforschung. Er wollte wissen, was die Top-Athleten des ehemals sogenannten »weißen Sports« von den »nur« sehr guten Athleten unterschied. Er hatte bereits Hunderte von Stunden des Videostudiums hinter sich und wollte schon aufgeben, weil ihm zunächst weder bei den Ballwechseln noch bei den jeweiligen Vorbereitungen auf das Match nennenswerte Besonderheiten aufgefallen sind. Doch dann achtete er speziell darauf, wie sich die Besten der Besten zwischen den Ballwechseln verhielten. Dabei ist ihm aufgefallen, dass diese eine besondere Art hatten, wie sie sich in den ungefähr zwanzig bis fünfundzwanzig Sekunden zwischen den einzelnen Punkten verhielten.

Nun war und ist Jim Loehr nicht nur ein erfolgreicher Praktiker, sondern auch ein neugieriger Wissenschaftler und so rüstete er die Tennisspieler alle mit Herzfrequenzmessern aus. Und tatsächlich: Loehr stellte fest, dass die Herzfrequenz der Top-Athleten, umgerechnet auf die übliche Minuteneinheit, um nicht weniger als etwa zwanzig Schläge tiefer lag, als bei den einfach nur guten bis sehr guten Spielern. Sie hatten also äußerst effiziente Erholungsrituale.

Dazu war vor allem eines notwendig. Dass sie den letzten Ballwechsel vor dem Gewinn oder Verlust des letzten Games möglichst schnell, das heißt innert Sekunden, abzuhaken in der Lage waren. Konnten sie das nicht, war ein schnelles Absinken der Herzfrequenz kaum noch möglich, dafür war die Zeit einfach zu kurz.

Die effizienteren Erholungsrituale spielten natürlich eine umso größere Rolle, je länger die jeweiligen Matches dauerten. Da hatten die nicht ganz so guten Spieler, deren Fitnessstand im Übrigen durchaus vergleichbar mit jenem der Topspieler war, eben eine gute Portion weniger Energie zur Verfügung, als dies bei den Spitzenleuten der Fall war.

Was wir daraus für den Geschäftsalltag lernen können? Eine ganze Menge! Denn nicht nur im Spitzensport, auch in »normalen« Berufen spielt die Erholung eine wichtige Rolle. Über den Nachtschlaf haben wir ja schon gesprochen. Aber haben Sie sich auch mal überlegt, wie viel Energie verpufft, weil sie sich beispielsweise stundenlang über einen

Kollegen geärgert haben oder über das neue CRM-System, das auch nach drei Wochen immer noch nicht richtig funktioniert?

Ich weiß jetzt nicht im Detail, was die Top-Tennisspieler konkret für Selbstgespräche geführt haben, damit sie sich so schnell wieder entspannen konnten. Aber ich denke, wir sind nicht weit weg von der Wahrheit, wenn wir annehmen, dass sie sich zwei Dinge klar machten: erstens, dass es ihre wichtigste Aufgabe war, das Spiel zu gewinnen und zweitens, dass sie den eben beendeten Ballwechsel nicht mehr ändern können. Eine weitere Beschäftigung mit ihm wäre also die reinste Kraftverschwendung. Das führt uns zu der auch im beruflichen oder privaten Alltag einsetzbaren »Doppelfrage der Wirkung«.

Den-Stress-im-Griff-Tipp Nr. 31: Die Doppelfrage der Wirkung

- Was ist in diesem Augenblick mein stärkster Wunsch, mein größtes Ziel?
- Bringt mich mein Ärger diesem Ziel näher oder entfernt er mich von ihm?

Es ist wieder wie mit allen anderen Techniken dieses Buches. Je häufiger Sie sie anwenden, desto stärker automatisiert sie sich und desto schneller entfaltet sie ihre Wirksamkeit. Mit der Zeit wird es nur noch Sekunden oder gar Bruchteile von Sekunden dauern, bis Sie sich die Doppelfrage der Wirkung gestellt und gleich auch beantwortet haben. In den (seltenen) Fällen, bei denen Sie zum Schluss kommen, dass der Ärger Sie der Lösung näher bringt, wird es Ihnen sehr schnell klar sein, dass dies nur der Fall sein wird, wenn Sie möglichst zügig zu einer Handlungskonsequenz kommen. Und in allen anderen Fällen können Sie den Ärger gleich entsorgen, denn Sie wissen: es geht jetzt vorrangig um Ihr Ziel, das Match zu gewinnen, den Auftrag zu kriegen, eine schöne Veranstaltung zu erleben.

Wenn Sie nicht unter dem zeitlichen Druck eines Tennismatches oder einer gerade laufenden Veranstaltung stehen, haben Sie, positiv ausgedrückt, zwar etwas mehr Zeit zur Verarbeitung des Ärgers, aber eben auch mehr Zeit zum Ärgern. Auch dann wollen Sie ja möglichst wenig Kraft verschwenden und sich möglichst schnell wieder auf das konzentrieren, was wichtig ist.

TIPP **Den-Stress-im-Griff-Tipp Nr. 32: Aufschreiben und vernichten**
Schreiben Sie das Ärgernis auf ein Blatt Papier und entsorgen Sie es mit Schmackes in den Papierkorb. Wenn es die äußeren Umstände erlauben, können Sie das Papier auch anzünden.

Symbolhandlungen jeglicher Art sind eine äußerst starke Unterstützung für unser Gehirn. Damit machen Sie klar, dass der Ärger keinerlei »Wohnrecht« in Ihrem Oberstübchen besitzt. Wichtig ist, dass Sie sich im Anschluss gleich mit Ihrer nächsten Aufgabe auseinandersetzen und nicht noch lange über den Grund des Ärgers nachgrübeln.

Progressive Muskelentspannung

Das 20. Jahrhundert war gerade mal acht Jahre alt, als der junge Forscher Edmund Jacobson seine Forschungen an der berühmten Harvard University in Boston begann. Die Forschungsfrage, die ihm unter den Nägeln brannte, war, ob es einen Zusammenhang zwischen übermäßiger muskulärer Anspannung und dem Entstehen von körperlichen und seelischen Erkrankungen gab. Es dauerte zwei Jahrzehnte mit aufwendigen wissenschaftlichen Untersuchungen, bis er tatsächlich nachweisen konnte, dass dem so war. Im Zentrum seiner Erkenntnis stand, dass sich bei Spannung und Anstrengung stets die Muskelfasern verkürzen. Außerdem entdeckte er, dass eine Reduktion des Muskeltonus die Aktivität des Zentralen Nervensystems herabsetzt und Entspannung auch als allgemeines Heilmittel für psychosomatische Störungen (wozu auch stressbedingte Gesundheitsprobleme gehören) und zur Vorbeugung geeignet ist.

Das war die Initialzündung, durch die aus dem Wissenschaftler Edmund Jacobson ein anwendungsorientierter Praktiker wurde, der vielen Menschen geholfen hat. Er hat in der Folge die nach ihm benannte sogenannte »Progressive Muskelentspannung« (auch: progressive Muskelrelaxation, kurz: PMR) entwickelt. Diese hat einen doppelten Vorteil. Sie ist einerseits sehr einfach und schnell zu erlernen und andererseits auch sehr schnell wirksam. Beides hat mit dazu beigetragen, dass die progressive Muskelentspannung nach Jacobson auch über achtzig Jahre nach ihrer Entwicklung die wohl immer noch populärste Entspannungsmethode ist. Was sie darüber hinaus für uns interessant macht, ist, dass es neben der klassischen, circa vierzig Minuten dauernden, »Langform« der Progressiven Muskelentspannung auch viele einzelne Übungen gibt, die ebenfalls auf Jacobsons Erkenntnissen basieren und gerade in akuten Stresssituationen besonders hilfreich sind.

In diesem Kapitel möchte ich Ihnen einige dieser »kleinen« PMR-Übungen vorstellen. Wenn Sie darüber hinaus weitere Informationen über die Progressive Muskelentspannung erhalten wollen, dann finden Sie diese unter anderem unter der Internet-Adresse www.stressfrey.de/PMR. Dort können Sie auch einen Download für die Langform der PMR anfordern.

Das Grundprinzip der PMR

Das Grundprinzip der Progressiven Muskelentspannung ist denkbar einfach. Es besteht daraus, dass einzelne Muskelgruppen abwechslungsweise angespannt und dann wieder entspannt werden. Hierzu werden die einzelnen Muskeln jeweils angespannt und die Spannung für etwa fünf bis sieben Sekunden gehalten. In dieser Zeit wird ruhig weitergeatmet (keine Pressatmung!) und danach mit dem Ausatmen die Spannung gelöst, woran sich eine etwa fünfundvierzig bis sechzig Sekunden dauernde Entspannungszeit anschließt, bevor man mit der nächsten Muskelgruppe weitermacht.

Ein paar Hinweise

Die Progressive Muskelentspannung ist leicht und schnell zu erlernen. Auch wenn Sie mit anderen Entspannungsmethoden, wie zum Beispiel dem autogenen Training eventuell schlechte Erfahrungen gemacht haben sollten, müssen Sie keine unerwünschten Nebenwirkungen befürchten.

Wenn Sie mögen, können Sie die Entspannung auch mal besonders eindrucksvoll erleben, indem Sie zuvor Ihre Arme, eventuell bis zum Zittern der Muskeln, richtig stark anspannen. Dies sollte allerdings die Ausnahme bleiben. Im Normalfall sollten Sie vielmehr darauf achten, dass Sie Ihre Muskeln nicht verkrampfen, sondern nur so weit gehen, dass Sie ein deutliches Spannungsgefühl wahrnehmen können. Wenn Sie die ganze Methode der Progressiven Muskelentspannung erlernen wollen, empfehle ich Ihnen einen Kurs, wie er von fast allen Krankenkassen und auch vielen freien Anbietern angeboten wird.

Das Ruhewort[23]

Eine zusätzliche Möglichkeit, um die Wirkung der folgenden Übungen zu verstärken, ist das sogenannte »Ruhewort«. Dabei handelt es sich um einen Begriff, der für Sie in besonderer Weise Entspannung und Ruhe symbolisiert. Das können zum Beispiel Orte wie »Strand«, »Bergsee« oder »Wald« sein. Aber auch Adjektive oder Verben sind möglich, zum Beispiel »gelassen«, »fließen«, »fliegen«, »federleicht«, »frei«, »loslassen«. Alles, was für Sie passt, ist möglich. Dieses Ruhewort sprechen Sie dann während der folgenden Übungen zu sich selbst. Damit verstärken Sie die Konzentration auf die Übung und Sie lenken dadurch Ihre Aufmerksamkeit noch mehr auf das Empfinden Ihres Entspannungserlebnisses.

Time-out-Übungen

In verschiedenen Sportarten wie Volleyball, Basketball etc. gibt es den sogenannten Time-out. In der Regel einmal pro Spiel darf eine Mannschaft sich eine solche Auszeit nehmen, um sich kurz, das heißt, maximal eine Minute zu sammeln und sich für das weitere Spiel neu auszurichten.

Die nun folgenden Übungen haben alle eine Art Time-out-Funktion. Sie können irgendwo im Tagesverlauf gesetzt werden und helfen Ihnen, kurzfristig Stress abzubauen, bevor Sie sich wieder an Ihre Aufgaben machen.

Den-Stress-im-Griff-Tipp Nr. 33: Übung King Kong[24]

TIPP

Die »King Kong«-Übung können Sie dann einsetzen, wenn Sie kurzfristig Ihre Schultern, Arme und Hände entspannen wollen. Sie können sie sowohl im Sitzen als auch im Stehen durchführen.

Winkeln Sie Ihre Arme vor der Brust an und halten Sie die Ellenbogen in Schulterhöhe. Ballen Sie Ihre Hände zu Fäusten und spannen Sie dadurch Ihre Unterarme an. Atmen Sie ruhig weiter und schließen Sie nun die Augen. Spannen Sie jetzt ganze Oberkörpermuskulatur und auch die restliche Armmuskulatur an und halten Sie die Spannung ... Sie atmen ruhig weiter ... Beim dritten Ausatmen lassen Sie die Arme sinken, sprechen innerlich Ihr Ruhewort und ... genießen die Entspannung. Ihre Arme hängen nun ganz locker an der Seite runter. Wenn Sie mögen, können Sie auch den Kopf nach vorne hängen lassen. Nehmen Sie die Ausbreitung der Entspannung in Ihrem Oberkörper, Ihren Oberarmen, Ihren Unterarmen und Ihren Händen wahr. Auch die Schulter- und die Brustmuskulatur entspannt sich. Immer noch atmen Sie ruhig und gleichmäßig ...

Zum Schluss ballen Sie erneut Ihre Hände zu Fäusten, atmen Sie tief durch und kommen Sie wieder im Hier und Jetzt an.

Eine ähnliche Wirkung hat es, wenn Sie nicht wie in den anderen PMR-Übungen einzelne Muskelgruppen, sondern gleich den ganzen Körper anspannen.

TIPP

Den-Stress-im-Griff-Tipp Nr. 34: Ganzkörper-Kurzentspannung[25]
Achten Sie wieder darauf, dass Sie Ihre Muskeln nicht zu stark anspannen. Wie der Name der Übung schon sagt, spannen Sie hier sämtliche Muskelgruppen an und Sie

- ballen Ihre beiden Hände zu Fäusten,
- winkeln Ihre Ellenbogen an,
- ziehen Ihre Augenbrauen zusammen, rümpfen die Nase und pressen Zähne und Lippen aufeinander,
- ziehen den Kopf leicht ein und drücken ihn nach hinten und ziehen die Schultern nach hinten unten,

- machen die Bauchdecke hart,
- pressen beide Fersen auf den Boden und spannen dabei Unterschenkel, Oberschenkel und Gesäß an.

Bei vielen Menschen spannt sich in Stresssituationen insbesondere die Nackenmuskulatur stark an. Diese Problematik verschärft sich noch, wenn viele Stunden am Bildschirm gearbeitet werden muss und nicht selten kommen dann auch Kopfschmerzen auf. In solchen Situationen ist die Übung »Quasimodo« (nach dem Glöckner »Quasimodo« in Victor Hugos Roman *Der Glöckner von Notre-Dame*) ein gutes Gegenmittel. Auch diese Übung kann sowohl im Stehen als auch im Sitzen durchgeführt werden.

Den-Stress-im-Griff-Tipp Nr. 35: Übung »Quasimodo« [26]

Stellen Sie sich mit aufrechtem Kopf gerade hin und ziehen Sie die Schultern ganz hoch. Tun Sie so, wie wenn Sie damit Ihre Ohrläppchen berühren wollten. Ohne das Gesicht gegen die Decke zu richten, drücken Sie den Kopf jetzt nach hinten, wo sich ein kleines Nackenpolster gebildet hat. Drücken Sie nun Hinterkopf und Nackenpolster kräftig zusammen, währenddessen Sie ruhig und gleichmäßig weiteratmen. Nehmen Sie nun die Anspannung in Ihren Schultern und am Hals bis in den Rücken wahr ...

Mit dem nächsten Ausatmen lösen Sie die Anspannung und Sie lassen dabei Ihren Kopf und die Schultern locker fallen. Dabei sprechen Sie Ihr Ruhewort. Während Sie ruhig und gleichmäßig weiteratmen, lassen Sie Ihren Kopf auf die Brust fallen, bis Ihr Kinn Ihre Brust berührt. Nehmen Sie wieder die Entspannung in den Schultern, im Nacken und den Armen wahr ...

Zum Schluss ballen Sie erneut Ihre Hände zu Fäusten, atmen Sie tief durch und kommen Sie wieder im Hier und Jetzt an.

Beziehungen

»Im Grunde sind es immer die Verbindungen mit Menschen, die dem Leben seinen Wert geben.«

Wilhelm von Humboldt

Wenn man darauf hinweist, dass gelebte Beziehungen die Menschen belastungsfähiger machen, kann man neben Zustimmung auch so manche sarkastische Bemerkung hören. Nicht ganz unverständlich, denn natürlich bin ich mir sehr wohl bewusst, dass auch die lieben Mitmenschen sehr hohe Stressfaktoren sein können und es oft auch sind. Nicht nur das zunehmende Mobbingproblem in den Betrieben legt davon beredtes Zeugnis ab, auch die seit Jahren gleichbleibend hohe Scheidungsrate von circa 40 Prozent.

Trotzdem: wir sind nun mal von unserem Schöpfer als Beziehungswesen geschaffen und der Philosoph Martin Buber hatte zweifelsohne recht, als er formulierte, dass ein Mensch erst am Du zum Ich werde. Darüber hinaus ist es aber auch von großer Bedeutung für die Belastungsfähigkeit eines Menschen, wenn er in stabilen und harmonischen Beziehungen lebt.

Damit ist auch deutlich geworden, dass es eine Art Paradox in Bezug auf das Prioritäten setzen gibt. Wer nämlich darauf achtet, dass er auch seine privaten Beziehungen pflegt, profitiert auch im Berufsleben von einer Belastungsfähigkeit, die derjenige verliert, der eben diese privaten Beziehungen zugunsten des Berufes vernachlässigt.

Eines muss uns aber klar sein: die Währung, in der wir für ein starkes Beziehungsnetz bezahlen, ist nicht Geld, sondern Zeit. Vor allem Führungskräfte, aber auch andere, die eine Vierzig-Stunden-Woche vielleicht nur vom Hörensagen kennen, müssen da auch die Zeit, die sie für ihre Liebsten einsetzen wollen, gut planen.

Den-Stress-im-Griff-Tipp Nr. 36

Tragen Sie auch Termine mit Ihren Liebsten in Ihr Outlook, iPhone (oder was auch immer Sie für ein Kalendersystem benutzen) ein!

Ich weiß, das befremdet zunächst viele. Aber Hand aufs Herz: fällt nicht gerade deshalb der Kinobesuch mit der Tochter, das Fußballspiel mit dem Sohn (oder auch umgekehrt) deswegen immer wieder aus? Verteidigen Sie auch Ihre privaten Termine, denn eines können Sie mir glauben: ich habe noch nie einen Burn-out-Betroffenen, und genauso wenig einen Menschen, der aus dem Berufsleben ausgeschieden ist, jemals getroffen, der gesagt hätte: »Ich hätte doch mehr Zeit im Betrieb verbringen müssen!« Aber auch in Ihrem Alltag im Hier und Jetzt profitieren Sie sehr, wenn Sie Ihre privaten Beziehungen genauso wie Ihre beruflichen Beziehungen pflegen.

Kennzeichen Wertschätzung

Eigentlich könnten wir es allein mit ein bisschen Selbstbeobachtung und Lebenserfahrung auch so wissen. Jedem von uns geht es besser, wenn er weiß, dass seine Arbeit wertgeschätzt wird. Dies gilt vor allem dann, wenn diese Wertschätzung nicht nur indirekt erraten werden muss, sondern wenn sie auch verbalisiert wird.

Im deutschsprachigen Raum sind wir generell nicht so gut darin, Lob auszusprechen. Wenn etwas weniger gut läuft, dann sind wir mit Kritik schnell und mit unmissverständlicher Deutlichkeit dabei. Aber Lob aussprechen? Da lebt doch so mancher viel eher nach der Devise: »Nichts gesagt, ist genug gelobt!«

Dieser alte Spruch ist allerdings auch ein ganz dummer Spruch. Heute wissen wir sogar, dass er regelrecht gesundheitsschädlich ist. So steht »nicht erhaltene Wertschätzung« schon seit Jahren immer wieder ganz oben auf der Liste, die Direktbetroffene des Burn-out-Syndroms als auslösende Ursachen für ihr Leiden jeweils angeben. Analog zu den Warnungen auf den Zigaretten-Packungen könnte man an so manchen Firmeneingang ein Schild mit den Worten anbringen: »Achtung. Die Atmosphäre dieses Betriebes gefährdet Ihre Gesundheit. Ein Tag an einem dieser Arbeitsplätze enthält fünfzig Milligramm des Nervenschadstoffs ADA (= Allgemeine Demotivationsatmosphäre)«.

Wir mögen über solch eine Aussage schmunzeln. Aber die Überspitzung ist nicht wirklich groß. Wenn wir uns all die Umfragen und Forschungsergebnisse zu Stress und Burn-out, Mobbing und Arbeitsmotivation ansehen, dann wissen wir schnell, dass wir hier noch sehr viel Optimierungspotenzial haben. Wenn wir dieses Potenzial nutzen, dann kommt dies nicht »nur« der Arbeitsmotivation, sondern auch unserer Gesundheit zugute.

Das Gefühl, als Person und auch für seine Arbeit wertgeschätzt zu werden, ist ganz wichtig, wenn es darum geht, Stress aushalten zu können. Und die wirkungsvollste Art, Wertschätzung auszudrücken, ist das Lob, vor allem das konkrete, zeitnahe Lob.

Mir ist klar, dass in unseren Betrieben, Organisationen und Ämtern selten viel gelobt wird und ich höre immer wieder Klagen darüber, dass auch der kleinste Fehler breitgewalzt werde, gute Arbeit aber nicht der Rede wert sei. Häufig sind diese Klagen mit einer stark resignativen Haltung verbunden. Doch es ist keineswegs so, dass wir das mit einer fatalistischen »Da-kann-man-halt-nichts-machen«-Haltung hinnehmen müssen. Wir alle können da sehr wohl Gegensteuer geben. Wie? Indem wir selbst eine Haltung der Wertschätzung leben!

Der bekannte Unternehmer und Management-Trainer Ken Blanchard *(Der Minuten-Manager)* hat das mal auf die griffige Formel gebracht: »Erwische ihn, wenn er's gut macht!« Ich finde das fasst hervorragend zusammen, worum es geht, wenn wir zu einer gesünderen, positiveren Atmosphäre in unseren Betrieben und auch in Vereinen, Verbänden, Parteien und Familien betragen wollen. Darüber hinaus tut ein Lob auch dem, der es ausspricht, gut ...

Den-Stress-im-Griff-Tipp Nr. 37: Loben Sie! Konkret und zeitnah!
Erwischen Sie Ihre Mitarbeiter, Kollegen, Lieferanten und auch Ihren Lebenspartner, Ihre Kinder und wer auch immer mit Ihnen eine bestimmte Wegstrecke unterwegs ist, wenn sie etwas gut machen und sagen Sie es.

So kann jeder seinen Teil zu einer positiveren Atmosphäre in seinem Umfeld beitragen und auch sich selbst in eine bessere Stimmung bringen.

Mobbing

Wenn wir darüber reden, den Stress in den Griff zu bekommen, dann müssen wir selbstverständlich auch einen Punkt zumindest ansprechen, der leider für immer mehr Menschen traurige Realität ist und in zweifacher Weise mit Stress in Zusammenhang steht: zum einen ist es eine durch Untersuchungen längst belegte Tatsache, dass Menschen, die selbst unter starkem Stress stehen, häufig dazu neigen, selbst als Mobber in Aktion zu treten. Und zum anderen steigt bei den Mobbing-Opfern der Stress enorm an, ebenso die Burn-out-Gefährdung.

Mobbing ist zwar auch ein großes betriebswirtschaftliches Problem. So hat Anfang 2013 eine ehemalige Mitarbeiterin die Stadt Solingen auf 900.000 Euro verklagt und 2006 wurden einer Sekretärin der Deutschen Bank von einem Gericht in London gar 1,2 Millionen Euro zugesprochen. Aber das größte Problem besteht selbstredend natürlich für die von Mobbing Betroffenen selbst.

Leider muss man aber immer wieder feststellen, dass die Gemobbten es ihren Peinigern allzu oft sehr leicht machen. Dies geschieht vor allem dadurch, dass sie die Opferrolle schnell annehmen, sich nicht wehren und auch oft sehr spät, wenn überhaupt, Hilfe holen. Die Wahrscheinlichkeit, dass das Treiben der Mobber zum traurigen »Erfolg« (Kündigung, gesundheitlicher Zusammenbruch, Burn-out) führt, wird häufig auch dadurch erhöht, dass sich die Betroffenen in eine Art Kokon aus Selbstmitleid zurückziehen.

Aus den bereits gegebenen Hinweisen lassen sich schon einige Handlungsweisen herleiten, die für Betroffene wesentlich Erfolg versprechender sind, als diejenigen, die oft gewählt werden. Zwei sind aber besonders wichtig:

Den-Stress-im-Griff-Tipp Nr. 38

1. Kommunizieren Sie und klären sie Missverständnisse sofort

Eine klare Kommunikation, die mögliche Missverständnisse schon im Vorfeld ausschaltet, ist eine der wirksamsten Schutzmaßnahmen gegen aufkommendes Mobbing. Machen Sie möglichst frühzeitig klar, dass Sie auch von der anderen Seite eine offene Kommunikation über anstehende Probleme erwarten.

2. Wehren Sie sich höflich, bestimmt ... und schnell

Lassen Sie keine Gewohnheit der kleinen Sticheleien und in ironische Bemerkungen verpackte Beleidigungen entstehen. Wehren Sie sich ruhig und bestimmt, vor allem aber unverzüglich.

Ergänzung für Vorgesetzte: Akzeptieren auch Sie keinerlei Bemerkungen, mit denen Mitarbeiter ins Abseits gestellt werden. Seien Sie höflich, bestimmt und schnell und sorgen Sie allenfalls selbst dafür, dass Missverständnisse zeitnah geklärt werden!

Natürlich gäbe es noch viel über Mobbing zu sagen beziehungsweise zu schreiben und es würde auch ein eigenes Buch rechtfertigen. Eine schnelle und bestimmte Reaktion ist allerdings das A und O. Darüber hinaus sollte sich jeder Betroffene frühzeitig darüber klar werden, wie viel er aushalten und wo er für sich selbst eine Grenze setzen will. Schlagsätze kommen ja manchmal etwas platt daher, trotzdem gilt der nun folgende wohl nirgends so sehr wie gerade in solch einem Fall: »Accept it, change it or leave it«, also »Nimm die Situation hin, ändere sie oder verlasse sie!« Sicher, der Preis für letzteres mag recht hoch sein. Jeder Betroffene sollte aber bedenken, dass der Preis, es nicht zu tun und zu bleiben, je nachdem noch viel, viel höher ist.

Bewegung

»Wir sind nicht nur für das verantwortlich, was wir tun, sondern auch für das, was wir nicht tun.«

Jean-Baptiste Molière

Da war jener Waldarbeiter, der sich mit einer viel zu stumpfen Säge stundenlang abmühte und deshalb nie so richtig vorwärts kam. Ein Spaziergänger sah seinen Anstrengungen eine Zeit lang zu und meinte dann zu dem Waldarbeiter: »Entschuldigen Sie, ich bin ja kein Fachmann wie Sie, aber mir ist aufgefallen, dass Ihre Säge ja ganz stumpf ist. Wollen Sie sie nicht schärfen?« Worauf der Waldarbeiter entgegnete: »Ich habe keine Zeit. Ich muss sägen!«

Diese bekannte Geschichte kommt mir immer wieder in den Sinn, wenn ich an den Umgang vieler Menschen mit ihrem Körper denke. Zu diesem müssen wir uns einfach über zwei Dinge bewusst sein: erstens, dass wir auch dann, wenn wir uns eher zu den Kopfarbeitern zählen, unsere Leistung in dem Stück Fleisch abliefern müssen, das uns von unserem Schöpfer für unser Dasein auf dem blauen Planeten mitgegeben wurde. Die Aussage »Ich weiß nicht, war ich in dem Leib oder außerhalb des Leibs«, die Händel nach der Komposition des »Messias« abgegeben hatte, ist doch eher selten unser Problem. Vor allem die Grenzen unseres Körpers, bekommen wir je und je schon zu spüren. Noch deutlicher wird das, wenn wir die entsprechenden Parameter von einem Arzt überprüfen lassen.

Und der zweite Punkt ist, dass sowohl unser Gehirn als auch der Rest unseres Körpers nach einer alten Logik funktioniert: »Use it or lose it«, benutze es oder du wirst es verlieren. Das erlebe ich derzeit gerade selbst eher schmerzhaft. Nach ungefähr dreißig Jahren des Läufer-Daseins, in denen ich Zehntausende von Kilometern laufenderweise zurückgelegt habe, habe ich in den letzten gut zwei Jahren nur ein paar eher klägliche Versuche machen können. Mittlerweile funktioniert mein Fuß wieder einigermaßen und ich kann meine »Laufmuskeln« langsam wieder aufbauen. Aber bis ich wieder leichte und lockere Läufe über zehn oder mehr Kilometer absolvieren kann, wird es wohl noch einige Zeit dauern. Mein Körper ist diese Art von Belastung einfach nicht mehr gewohnt, auch wenn ich mich mit Radfahren einigermaßen fit gehalten habe.

Zunächst: Bauen Sie ein Bewegungsplus in Ihren Tagesablauf ein

Klar, Bewegung ist gesund, so oder so. Für Ihr Stress- und Energiemanagement gibt es aber zusätzlich noch zwei sehr bedeutsame Gründe. Der erste ist, dass es auch im Zeitalter der hohen technischen Mobilität mit gleichzeitig einhergehender körperlichen Immobilität nach wie vor keine effektivere Möglichkeit gibt, einen überhöhten Stresshormonspiegel wieder abzubauen ... wie Bewegung! Der zweite Grund ist, dass Bewegung die Produktion von Hormonen und Endorphinen in Gang setzt, die Ihnen eine enorme Zusatzenergie verschaffen.

Nun weiß ich natürlich auch, dass der real existierende Bewegungszustand vieler, allzu vieler Menschen von etwas ganz anderem zeugt: von einer ausgesprochenen Bewegungsarmut. In einer Studie, die 2012 in hundertzweiundzwanzig Ländern durchgeführt wurde, kamen die Forscher zu dem Schluss, dass weltweit zwei von drei Erwachsenen und sogar 80 Prozent der Jugendlichen derart inaktiv sind, dass für sie das Risiko für chronische Krankheiten stark ansteigt.

Geben Sie Gegensteuer und integrieren Sie in einem ersten Schritt …
mehr Bewegung, also neue Schritte in Ihren Alltag. Vor einigen Jahren gab es dazu die vom Bundesgesundheitsministerium angestoßene
Kampagne »3.000 Schritte extra«. Sie können sie hier und heute wieder
aufnehmen und so wieder ein paar Schritte in Richtung einer besseren
Gesundheit und mehr Energie gehen.

**Den-Stress-im-Griff-Tipp Nr. 39: 3.000 Schritte, die sich lohnen, zum Bei-
spiel, indem Sie**

- Ihr Auto etwa 1.500 Meter von Ihrem Arbeitsplatz entfernt parken und
  den Rest zu Fuß gehen.
- mit dem gleichen Ziel eine oder zwei Straßenbahnhaltestelle(n) früher
  aussteigen.
- in der Mittagspause einen Spaziergang machen.
- Besorgungen zu Fuß erledigen.
- statt des Aufzugs konsequent die Treppe nehmen.

Verführung zum Laufen

Gerade komme ich von einem kleinen Lauf zurück. Zugegeben, der Start
kostete auch mich zunächst etwas Überwindung. Vier Grad minus sind
nicht unbedingt die Temperatur, bei der ich frühmorgens unbedingt aus
dem Haus will. Aber die kühle Morgenluft hat mir gut getan und jetzt
fühle ich mich herrlich erfrischt.

Gerne möchte ich Sie daher zum Laufen verführen, am besten auch zum
frühmorgendlichen Laufen. Wie vorhin erwähnt, kann auch ich ganz gut
nachvollziehen, dass solch eine Aufforderung erstmal wenig einladend

ist, erst recht in der kalten Jahreszeit, während der dieses Buch gerade geschrieben wird.

Am besten frühmorgens

Die beste Zeit dafür ist der frühe Morgen, kurz nach dem Aufstehen. Das hat verschiedene Vorteile. Der erste ist, dass Sie Ihrem inneren Schweinehund ein Schnippchen schlagen, wenn Sie sich angewöhnen, kurz nach dem Aufstehen gleich loszulaufen. Sie geben ihm einfach keine Zeit, um Ihnen all die Dinge einzuflüstern, die Sie von einem bewegungs- und energiereicheren Leben abhalten sollen.

Einen weiteren Vorteil haben Sie, wenn Sie nüchtern Ihren laufenden Start in den Tag beginnen. Das hat, wie so vieles in diesem Buch, mit einem Hormon zu tun. Diesmal geht es aber nicht um ein Stresshormon, sondern um das Insulin. Dessen Aufgabe ist es, den Zucker aus der Nahrung schnell den Körperzellen zur Verfügung zu stellen. Parallel dazu sorgt es auch mit dafür, dass das Fett in Ihre Körperzellen kommt. Dummerweise verhindert es dadurch, dass die Fettsäuren aus Ihren körpereigenen Depots freigesetzt werden. Das Insulin sorgt also dafür, dass das Fett, das Sie durch das Training eigentlich verlieren wollten, schon in Ihren Zellen bleibt. Wenn Sie vor dem Laufen etwas essen, ist Ihr Insulinspiegel erhöht und Ihr Körper nimmt die Energie ausschließlich aus den Zuckerdepots. Das ändert sich erst, wenn Sie länger als eine halbe Stunde laufen.

Wenn Sie frühmorgens nicht laufen können, weil Sie vielleicht auch sehr früh mit der Arbeit anfangen müssen, kann der späte Nachmittag beziehungsweise der frühe Abend eine Alternative sein. Dann können Sie gleich die überschüssigen Stresshormone, die sich im Laufe des Tages angesammelt haben, wieder abbauen. Übrigens ist es aus demselben Grund auch sehr zu empfehlen, den Arbeitsweg zu Fuß oder mit dem Fahrrad zurückzulegen, wenn die Strecke dafür geeignet ist.

Nach 19 Uhr sollten Sie dann nicht mehr laufen, weil Sie sonst die Produktion von Hormonen anregen, die Sie wachhalten und damit verhindern, dass Sie gut und entspannt einschlafen können.

Alternative Nordic Walking

Natürlich bin ich mir bewusst, dass laufen nicht für alle die ideale Sportart ist. Vor allem wenn Sie mehr als nur ein paar Kilo Übergewicht haben, kann insbesondere die Belastung für die Gelenke vorerst zu hoch sein. Auch wer noch kaum jemals oder schon sehr lange nicht mehr Sport getrieben hat, tut sich da in der Regel eher schwer.

Doch auch dann sollten Sie sich nicht von sportlicher Betätigung abhalten lassen. Als ideale Sportart für Einsteiger hat sich seit Ende der Neunzigerjahre Nordic Walking erwiesen.

Wie andere Ausdauersportarten auch, hilft Nordic Walking den Cortisolspiegel abzubauen, der, falls er über längere Zeit erhöht ist, auch zur Fettspeicherung führt. Dafür lässt es einige andere Hormone wie das DHEA, aus dem unter anderem die Sexualhormone Testosteron und Östrogen gebildet werden sprudeln. Dasselbe gilt für das Glückshormon Serotonin, das Sie nicht nur kreativ und leistungsfähig macht, sondern Sie auch deutlich besser Ihren Alltagsstress in den Griff bekommen lässt.

Den-Stress-im-Griff-Tipp Nr. 40: Nordic Walking

Viel brauchen Sie nicht, um loszulegen. Wichtig sind gute Stöcke und ebensolche Schuhe. Mittlerweile haben auch Großverteiler wie Aldi oder Lidl regelmäßig welche im Angebot. Als Faustregel gilt 0,7 x Körpergröße. Wenn Sie also 1,80 Meter groß sind, sollten die Stöcke 1,80 Meter x 0,7 = 1,26 Meter lang sein. Als Anfänger können Sie sie auch etwas kürzer nehmen. Von Teleskopstöcken rate ich Ihnen eher ab, da sie die Schwingungen weniger gut abfangen können wie einteilige Stöcke.

Für die Schuhe genügen zunächst einfache Schuhe, in denen Sie einen guten Halt haben und die vielleicht eine halbe Nummer größer sind, weil die Füße während des Sportes gerne ein bisschen anschwellen. Wenn Sie später vom »Nordic-Walking-Virus« befallen werden sollten, können Sie immer noch ins Sportgeschäft gehen, wo Sie sich entsprechend beraten lassen können.

Empfehlenswert ist sicher auch ein Kurs, wo Sie die richtige Technik erlernen können. Aber auch wenn die Technik nicht immer ganz lehrbuchgemäß ist, profitieren Sie eine Menge von dieser idealen Ausdauersportart.

Unter diesen Links finden Sie noch weitere Informationen und Tipps zum Nordic Walking:

- www.nordic-walking-online.de
- www.nordic-walking-infos.com
- www.richtig-nordic-walking.de

Selbstmanagement und Kompetenz

»Leben ist das, was passiert, während du eifrig daran bist, andere Pläne zu machen.« Diese Aussage von John Lennon aus seinem Song *Beautiful boy* wird oft zitiert, wenn Menschen daran gehen, für irgendein größeres oder kleineres Projekt konkrete Pläne auszuarbeiten. Dass unvorhergesehene Ereignisse zuvor gemachte Pläne durchkreuzen können, ist sicher nicht von der Hand zu weisen. Unendlich viel häufiger habe ich es allerdings bei mir selbst, aber auch bei anderen erlebt, dass das Leben furchtbar stressig geworden ist, weil man eben keine klare Vorstellung, keine Strategie und keinen Plan hatte, um wichtige Dinge zu einem guten Ende zu bringen.

Auch dieses Kapitel ist ein weites Feld und könnte sehr viel umfangreicher gestaltet werden. Ich will mich auch hier auf einige grundsätzliche Dinge beschränken. Einiges davon wurde bereits in Kapitel *Ziele* auf Seite 65 ff. angesprochen. Grundsätzlich gilt das bekannte Sprichwort »Wer schreibt, der bleibt!« Dieses sage ich hier mit voller Überzeugung. Auch wenn es in einem anderen Zusammenhang entstanden ist, so zeigt die Erfahrung, dass die Verschriftlichung für ein effektives Stress- und Energiemanagement eine große Hilfe ist.

TIPP   **Den-Stress-im-Griff-Tipp Nr. 41**
Planen Sie schriftlich – Ihre Aufgaben, Ihre Termine, Ihre Weiterbildung; einfach alles, was wichtig ist.

Bei mir selbst kann ich es immer wieder beobachten: je konkreter ich die schriftliche Planung ausformuliert habe, desto wahrscheinlicher wurde die rechtzeitige Fertigstellung. Tat ich das nicht oder jedenfalls nicht in der notwendigen Konkretheit ... dann wurde es einfach immer wieder sehr »stressig«. Am wirkungsvollsten sind natürlich auch hier die Gewohnheiten. Zum Beispiel auch die Gewohnheit eine »Ich-müsste-mal«-Liste zu führen. Nicht damit Sie sich dauernd daran erinnern, sondern damit Sie sie erst einmal vergessen können! Diese nehme ich dann in regelmäßigen Abständen (in der Regel einmal wöchentlich) zur Hand und setze einen Punkt (selten mehr) auf meine Aufgabenliste für die Woche. Wenn ich das nicht tue (was leider auch mir immer mal wieder passiert), dann passiert dann häufig etwas, was ich so überhaupt nicht gebrauchen kann: die »Ich-müsste-mal«-Dinge wabern mir zur Unzeit, zum Beispiel wenn ich mich auf eine wichtige A-Aufgabe konzentrieren sollte, durchs Hirn und lenken mich dadurch ab. Und diese Art von Ablenkung verursacht lähmenden Stress und ein schlechtes Gewissen, lenkt wieder ab ... ein Teufelskreis.

Weiterbildung als Stressmanagement

»Langfristig gibt es nur etwas, was noch teurer ist als Bildung: keine Bildung!«

John F. Kennedy

Lassen Sie mich noch ein Wort zur Weiterbildung sagen, die in diesem Tipp ebenfalls mit aufgeführt ist. Sie ist nicht zufällig reingerutscht, sondern sehr bewusst. Denn Umfragen zufolge fühlt sich mindestens jeder achte Berufstätige einfach deswegen regelmäßig mit lähmendem Stress konfrontiert, weil er Dinge machen muss, für die ihm die notwendige fachliche Kompetenz fehlt. Es ist jetzt schon fast geschäftsschädigend, wenn ich dies schreibe, aber der Hinweis muss sein: manchmal ist es wirklich auch im Sinne des Stressmanagements sinnvoller, wenn jemand beispielsweise einen Kurs für »Business English« besucht als einen Stressbewältigungskurs! Fachliche Weiterbildung ist also auch eine Stress- und Energiemanagement-Maßnahme erster Güte. Wenn ich aufgrund von fachlichen und/oder sprachlichen Defiziten in bestimmten Situationen immer wieder überfordert bin, dann kann eine gezielte Beseitigung sich entscheidend auf die Arbeits- und in der Folge auch auf die Lebensqualität auswirken. Es ist dann wie mit dem Autofahren. Wir benötigen eine Anleitung, um es richtig zu erlernen. Haben wir es erst einmal richtig verstanden und sitzt jeder Handgriff, dann kann aus der stressigen Autofahrt ein Genuss werden.

Allerdings will ich auch nicht unerwähnt lassen, dass nicht jede Überforderung durch Weiterbildung ausgeglichen werden kann. Vor allem beim nicht gerade seltenen Fall eines Wechsels von einer Fach- in eine Führungsposition stellt so mancher fest, dass ihm die Arbeit als Führungskraft so gar nicht liegt. Da empfehle ich einerseits eine ehrliche Analyse und dann auch einen Blick auf die persönlichen Werte und Ziele (siehe Kapitel 4 *Die Grundlagen des Stressmanagements: Sinn, Werte, Ziele*; ab Seite 49). Viele Menschen fühlen sich ausgesprochen unwohl, wenn sie immer wieder entscheiden müssen und das nicht nur bezüglich Ihrer eigenen Arbeit, sondern auch bezüglich der Arbeit anderer. Da würde je nachdem auch ein Seminar über Führungsstile und -kompetenzen die Situation nicht wesentlich verbessern. Erfolgsversprechender ist hier meistens ein Coaching und manchmal ist auch die Rückkehr in eine reine Fachposition die bessere Lösung, auch wenn ein solcher Schritt sicher schmerzhaft ist. Besser ist natürlich, wenn solch eine Fähigkeitsanalyse vor der Besetzung beziehungsweise Annahme einer Führungsposition geschieht.

Neue Situation als Stresserfahrung

Aber selbst dann, wenn die Kompetenz grundsätzlich vorhanden ist, fühlen sich viele Menschen überfordert, wenn sie mit einer neuen Situation konfrontiert sind. Der Stresshormonspiegel steigt an und viele erliegen dann der Versuchung zu sagen: »So etwas ist mir noch nie passiert!« Doch lohnt es sich, darüber wirklich intensiver nachzudenken. Meistens stellt man dann fest, dass man doch mehr Lösungsmöglichkeiten hat, als man zuerst gesehen hat. Folgende neue Fragen helfen, diese zu entdecken:

Den-Stress-im-Griff-Tipp Nr. 42: Ressourcen und Kompetenzen

TIPP

- Habe ich eine vergleichbar schwierige Situation schon einmal gemeistert? Wie habe ich es geschafft und was hat mir geholfen?
- Gibt es etwas, was mir Kraft, Mut und Sicherheit geben kann?
- Worauf kann ich vertrauen?
- Auf wen kann ich mich verlassen?

Kurz und knapp: Seien Sie sich Ihrer Kompetenzen bewusst, vertrauen Sie darauf und sorgen Sie dafür, dass Sie in Ihrem Aufgabenbereich up to date bleiben. Das ist nicht »nur« eine wichtige Grundvoraussetzung für beruflichen Erfolg, sondern ist ein weiterer Mosaikstein, dass Sie den Stress in »Vorwärtsenergie« ummünzen können und sich nicht von ihm lähmen lassen müssen.

Multitasking funktioniert nicht!

Menschen, die in der Wirtschaft unterwegs sind, lernen in der Regel schon recht frühzeitig, ihre Zeit gut zu nutzen. Vor diesem Hintergrund hat sich in den vergangenen Jahren und Jahrzehnten das Arbeitstempo immer mehr beschleunigt, sodass eine weitere Steigerung kaum noch möglich erscheint. Trotzdem wird der Ruf nach erhöhter Effizienz nicht leiser, auch wenn es da und dort Einwürfe unter dem Stichwort »Entschleunigung« gibt.

Als erkannt wurde, dass eine weitere Tempoerhöhung nicht mehr möglich ist, die Effizienz aber trotzdem weiter gesteigert werden sollte, kamen findige Köpfe auf die Idee, Arbeitszeit zu verdichten, also mehrere Dinge gleichzeitig zu erledigen: das Multitasking war geboren. Und natürlich wurde nun auch immer häufiger »Multitasking-Fähigkeit« gefordert und so manche Erfindung von E-Mail bis zu modernsten Smartphones sollten diese Entwicklung noch ... äh beschleunigen ...

Doch leider machten da die Menschen nicht mit. Nicht, dass sie Multitasking immer gleich rigoros abgelehnt hätten. Viele wollten schon und manche Multitasking-Heldengeschichte machte die Runde, oft mit Frauen in der Hauptrolle. Doch die Menschen sind schlicht und ergreifend nicht für Multitasking geschaffen. Auch die Frauen nicht, allen diesbezüglichen Mythen (»Frauen sind multitaskingfähiger als Männer«) zum Trotz.

Auf den entscheidenden Punkt weisen die Hirnforscher schon seit Jahren hin: wir müssen einfach akzeptieren, dass unser Gehirn (und zwar sowohl das männliche als auch das weibliche!) einfach nicht zwei

Gedanken gleichzeitig denken kann. Es funktioniert genau nach dem Prinzip, das die Multitasking-Fans als Zeitverständnis von vorgestern abqualifizieren und das da lautet: eines nach dem anderen! Zwei Dinge gleichzeitig zu erledigen, funktioniert nur dann einigermaßen, wenn mindestens eines der beiden Dinge in hohem Maße automatisiert ist. Viel mehr als Kaugummi kauen bei gleichzeitigem Pinkeln ist da koordinativ nur schwer zu schaffen. Vielleicht noch Hörbücher hören beim Auto- oder Fahrradfahren, was bei mir persönlich das höchste aller Multitasking-Gefühle ist.

Ansonsten wird Multitasking meistens mit zwei Dingen erkauft: erstens mit einer deutlich erhöhten Fehler- und Unfallhäufigkeit (beim Autofahren ohne Freisprecheinrichtung zu telefonieren, ist nicht umsonst verboten!) und zweitens damit, dass meistens die aufgewendete Zeit höher ist, als wenn die Tätigkeiten hintereinander erledigt wurden, wie schon verschiedene Studien zeigten.

Den-Stress-im-Griff-Tipp Nr. 43: Arbeiten Sie, wann immer möglich, blockweise

Wenn Sie gleichartige Arbeiten zusammenfassen und blockweise erledigen, sind Sie nicht »nur« effektiver, Sie reduzieren auch Ihren Arbeitsstress ganz erheblich. Die Effektivität können Sie zusätzlich noch dadurch erhöhen, dass Sie gleichartige Arbeiten in jene Tageszeit legen, in der Sie von Ihrem Biorhythmus am leistungsfähigsten sind.

Ich selbst bin zwar ein großer Fan davon, Arbeiten zu automatisieren, aber vom Multitasking habe ich mich schon vor Jahren verabschiedet, weil es einfach nicht funktioniert. Die persönliche Praxiserfahrung und entsprechende Untersuchungsergebnisse sind einfach zu eindeutig.

Seien Sie nicht permanent erreichbar

Blockweises Arbeiten bedeutet auch, dass Sie in dieser Zeit möglichst ungestört sind. Ungestört von Unterbrechungen jeglicher Art.

Handy, Internet, facebook, XING und Co. haben uns viele Annehmlichkeiten gebracht. Ich selbst nutze all diese Errungenschaften, teils mehr, teils weniger intensiv. Auch ich finde es spannend, dass ich sozusagen mit der ganzen Welt in Echtzeit vernetzt sein und von einem Ereignis unmittelbar erfahren oder sogar mitbeteiligt sein kann, das gar nicht da stattfindet, wo ich selbst mich gerade aufhalte.

Doch auch hier zeigt sich wieder die Bedeutung klar formulierter Ziele (Seite 65 ff.). Es stellt sich folgende Doppelfrage:
1. Was will ich, was sind meine Ziele?
2. Bringt mich das, was ich jetzt gerade tue, meinen Zielen näher?

Die Antworten auf meine erste Frage stehen jeden Tag gut sichtbar auf meinem Schreibtisch. Es ist eine gelbe Karteikarte, auf der ich mit rotem Stift meine Tagesziele notiert habe. Und die zweite Frage habe ich vor einigen Jahren als stetige Erinnerung auf dem kleinen Podest angebracht, auf dem mein Computerbildschirm steht.

Ich habe also dafür gesorgt, dass ich an dieser Doppelfrage nie für längere Zeit vorbeikomme, jedenfalls nicht, wenn ich in meinem Home-Office arbeite. Damit wird mir in der Regel auch relativ schnell klar, dass permanente Erreichbarkeit vor allem eines ist: ein unglaublicher Zeitfresser, der allen Annehmlichkeiten zum Trotz auch das Potenzial hat, mich von meinen wichtigsten Aufgaben abzuhalten. Deswegen muss ich nun all diese Errungenschaften der Technik nicht gleich verteufeln. Aber ich muss ihren Einfluss auf meinen Tagesablauf beschränken, um optimal von ihnen profitieren zu können.

Manchmal sind es ja wirklich Kleinigkeiten, die einen großen Einfluss auf unser Stressmanagement haben. Da ist zum Beispiel die akustische E-Mail-Benachrichtigung. Es gibt wirklich nur sehr, sehr wenige Menschen, für deren Arbeit es wichtig ist, auf einkommende E-Mails unmittelbar zu reagieren. Für alle anderen gilt, dass es völlig ausreicht, ein- bis zweimal am Tag eine Zeit festzusetzen, während der sie E-Mails bearbeiten. Schalten Sie also die akustische Benachrichtigung aus (bei Outlook: Extras → Optionen → E-Mail-Optionen → Erweiterte E-Mail-Optionen).

Auch darüber hinaus empfehle ich Ihnen sehr, dass Sie sich zunächst etwas Zeit nehmen und sich die Frage nach der notwendigen Erreichbarkeit beantworten. Und dann handeln Sie. Teilen Sie Ihre Entscheidung auch Ihren Mitarbeitern und Kunden mit. Auch die kann man in der Regel durchaus entsprechend »erziehen«. Dadurch werden Sie nicht nur weniger gestresst sein. Auch Ihre Produktivität erhöht sich, wodurch am Ende des Tages eine echte Win-win-Situation entsteht und alle profitieren.

Selbstredend hat die Frage nach der ständigen Erreichbarkeit (oder eben Nichterreichbarkeit) auch Konsequenzen auf Ihre Handhabung des Handys oder Ihre Präsenz in den sozialen Medien. Auch da kann ich nur raten, dass Sie vor allem in der Zeit, in der Sie wichtige Arbeiten erledigen müssen, das Handy ausschalten, ebenso den permanent fließenden Nachrichtenstrom von Facebook, Twitter und Co.

Humor

11

»Humor ist der Knopf, der verhindert, dass uns der Kragen platzt.«

Joachim Ringelnatz

Vor einigen Jahren stellte Günther Jauch in *Wer wird Millionär?* die 500.000-Euro-Frage: »Was ist ein Gelotologe?« Wissen Sie es? Der Begriff kommt von dem griechischen Wort »gelos«, das Gelächter. Ein Gelotologe ist also ein Mensch, der die Zusammenhänge und Wirkungen des Lachens erforscht. In den nun fast fünfzig Jahren des Bestehens dieses interdisziplinär orientierten Wissenschaftszweigs wurde eine große Zahl an erstaunlichen Erkenntnissen zutage gefördert.

Besonders interessant im Zusammenhang mit dem Ansinnen, den Stress in den Griff zu bekommen, ist die Tatsache, dass durch das Lachen Endorphine (sogenannte Glückshormone) ausgeschüttet werden und dadurch der Blutdruck gesenkt und die angespannte Muskulatur gelockert wird.

Diese Wirkung des Lachens hat Norman Cousins buchstäblich das Leben gerettet. Als bei ihm »Spondylarthritis«, eine äußerst schmerzhafte Entzündung der Wirbelgelenke, diagnostiziert wurde, lag seine Überlebenschance bei deutlich weniger als einem Prozent. Cousins war Wissenschaftsjournalist und als solcher wusste er, dass es wissenschaftlich gut belegt war, dass negative Gefühle den Organismus und das Immunsystem schwächen. Er zog daraufhin den Umkehrschluss und stellte für sich und seine Situation die These auf, dass auch das Gegenteil davon stimmte, nämlich dass positive, heitere Gedanken auch gesund machen können.

Cousins war gegenüber Krankenhäusern im Allgemeinen sehr kritisch eingestellt und meinte, dies seien grundsätzlich keine guten Orte, um gesund zu werden (...). Er zog aus dem Krankenhaus aus und in ein benachbartes Hotel ein und engagierte eine Krankenschwester, die er selbst bezahlte. Die »Therapie«, die er sich verordnete, bestand darin, dass er sich unzählige komische Filme vorführen ließ. Seine Besucher spannte er ebenfalls ein. Die durften ihn nicht bemitleiden, sondern mussten ihm immerfort lustige Bücher vorlesen, Witze erzählen etc.

Schon bald bestätigte sich Norman Cousins These. Schon wenn er lediglich zehn Minuten herzhaft und intensiv gelacht hat, haben sich seine von der Krankheit extrem verspannten Muskeln entspannt und die Schmerzen wurden erträglicher. So konnte er etwa zwei Stunden schlafen, was seinen Zustand weiter verbesserte. Kontrolluntersuchungen waren der einzige Grund, weshalb er noch ab und zu den Weg zum Krankenhaus unter die Füße nahm. Diese bestätigten seine These ebenfalls, denn auch die Blutwerte hatten sich entsprechend verbessert. Cousins hatte sich buchstäblich gesund gelacht und lebte nach der Diagnose noch sechsundzwanzig Jahre. Später hat Cousins an der Universität von Los Angeles eine Abteilung für therapeutische Humorforschung gegründet. Seine Geschichte, die er in dem Buch *Der Arzt in dir* veröffentlicht hat, erwies sich auch als starker Faktor für die sich gerade etablierende Gelotologie. Viele wissenschaftliche Untersuchungen haben in der Folge die Beobachtungen von Cousins bestätigt und die amerikanische Vereinigung für therapeutische Humorforschung hat sich etabliert. In ihr sind über sechshundert Ärzte und Psychologen zusammengeschlossen, die unter anderem auch dafür plädieren, Humor auf Rezept zu verschreiben, was mittlerweile seit 1999 in England möglich ist. Italienische Krankenkassen finanzieren die Humortherapie seit Juni 2000 und ein

Jahr später haben sich auch Frankreich, Belgien und die Niederlande angeschlossen.

Unter dem Vorsitz des bekannten Lachforschers Dr. Michael Titze hat sich im Jahr 2001 außerdem die Schwesterorganisation HumorCare Deutschland e.V. (www.humorcare.com) konstituiert, die gemäß Satzung ebenfalls »die wissenschaftlich fundierte Anwendung von Humor in klinischen, psychosozialen, pädagogischen und beratenden Berufen« fördern will.

Doch: Humor kann man lernen!

In Köln, wo ich lebe, gehört Humor mehr als anderswo sozusagen zur Alltagskultur. Aber auch wenn Sie nicht in einer Karnevalshochburg zu Hause sind und Ihnen kein Arzt Humor auf Rezept verschrieben hat, können Sie sich auf den Weg zu mehr Humor in Ihrem Leben machen. Es ist ein Weg, der Sie zu höherer Lebensqualität und nicht zuletzt zu einer verbesserten Gesundheit und Leistungsfähigkeit führen wird. Sie werden Ihren »Mitarbeiter«, den Stress, besser in den Griff kriegen und effektiver mit ihm zusammenarbeiten können.

Humor im Allgemeinen und das herzhafte Lachen im Besonderen bringen messbare Resultate, die insbesondere in einem verbesserten Immunsystem münden und Verspannungen lösen können. Deshalb kann mein Rat nur lauten: Bauen Sie Humor in Ihr Leben ein!

Natürlich ist mir schon klar, dass niemand einfach nur deswegen humoristisch ist, weil da einer gesagt hat, dass es gesund ist. Genauso weiß ich, dass das Leben an sich manchmal nur wenig Grund zum Lachen liefert, zumindest auf den ersten Blick. Trotzdem können wir lernen, dem Alltag auch lustige Seiten abzugewinnen; denn auch hier gilt die Erkenntnis:

»Es ist nicht entscheidend, was passiert, sondern die Meinung, die ich von dem habe, was passiert.«

Epiktet, griechischer Philosoph

Machen Sie es wie Norman Cousins. Setzen Sie sich in einem ersten Schritt Medien aus, die Sie in eine humoristische Stimmung versetzen. Im Zeitalter von Internet, YouTube & Co. ist da die Auswahl sogar noch ungleich größer, als sie vor über vierzig Jahren war. Besonders möchte ich Ihnen daher den folgenden Tipp ans Herz legen:

Den-Stress-im-Griff-Tipp Nr. 44

Machen sie es wie Norman Cousins und lesen Sie regelmäßig Witze (zum Beispiel abends vor dem Einschlafen) und sehen Sie sich witzige Videos im Internet an. Werden Sie gelegentlich auch selbst kreativ, indem Sie Witze erfinden.

Ich selbst habe tatsächlich meistens ein Witzebuch oder einige Witze aus dem Internet auf dem Nachttisch liegen. Darüber hinaus entspanne ich mich nach einem anstrengenden Arbeitstag häufig auch mit dem einen oder anderen witzigen YouTube-Video. Damit stärke ich nicht nur mein Immunsystem. Humor ist auch eine wirksame (Teil-)Strategie, um den Stress in den Griff kriegen und ihn zu einem »Top-Mitarbeiter« zu machen.

Noch ein paar Worte zum Schluss

12

Nun sind wir also ganz am Schluss dieses Buches angekommen. Ein Buch, das Ihnen manches in Erinnerung gerufen hat, das Sie vielleicht schon wussten – und Ihnen neues Wissen vermittelt hat, das Sie noch nicht wussten. Nun erweist sich der Nutzen dieses Buches aber nicht durch das vermittelte Wissen als wertvoll, sondern durch das, was Sie davon in Ihr eigenes Leben über- und umsetzen.

Schon der große Verhaltensforscher und Nobelpreisträger Konrad Lorenz hat einst richtig erkannt:

»Gedacht heißt nicht immer gesagt,
gesagt heißt nicht immer richtig gehört,
gehört heißt nicht immer richtig verstanden,
verstanden heißt nicht immer einverstanden, einverstanden heißt nicht
immer angewendet, angewendet heißt noch lange nicht beibehalten.«

Konrad Lorenz, Nobelpreisträger für Medizin

Sie haben des Weiteren den Stress als einen »Mitarbeiter« kennengelernt, der, wie jeder andere Mitarbeiter auch, ein doppeltes Potenzial hat. Das Potenzial zum »Flop-Mitarbeiter«, ja. Dann ist er tatsächlich in der Lage, Ihr Immunsystem vor die Hunde gehen zu lassen und Ihre Gesundheit zu ruinieren. Und auch das Potenzial zum »Top-Mitarbeiter«. Dann hilft er Ihnen, Ihre Kräfte zu bündeln, Ihre Leistungsfähigkeit zu entwickeln und Ihre Ziele zu erreichen.

Entscheidend ist die Mischung und entscheidend ist Ihr Umgang mit Ihrem »Mitarbeiter«, dem Stress. Und entscheidend ist, wie viel Energie Sie am Ende des Tages zur Verfügung haben. Mit dem Programm »Selbstbestimmt im Stress« haben Sie eine Möglichkeit, Ihren »Mitarbeiter Stress« so zu führen, dass der Zufluss dieser Energie stetig weiterfließt und Ihr Feuer am Brennen hält.

Ich darf Ihnen dieses Programm in Form von zehn Postulaten noch einmal in Erinnerung rufen:

1. **Formulieren Sie den Sinn Ihres Lebens im Allgemeinen und Ihrer Arbeit im Speziellen, machen Sie Ihre Werte fest und setzen Sie klare Ziele.** Dies alles hält Ihr Schiff auf Kurs und verhindert, dass Ihr »Mitarbeiter Stress« Ihnen durch Verunsicherung die Energie raubt, die Sie benötigen.
2. **Fehler, Niederlagen und Enttäuschungen sind immer Lernchancen!** – Sie gehören zum Leben dazu und haben niemals etwas mit Ihrem Wert als Person zu tun!
3. **Achten Sie auf die Sprache, die Sie sprechen und die Selbstgespräche, die Sie führen** – die Begriffe, die Sie verwenden und die Selbstgespräche, die Sie führen, entscheiden mehr als alles andere, ob Sie Ihren »Mitarbeiter Stress« auf gesunde und erfolgreiche Weise führen können – oder auch nicht.
4. **Achten Sie auf eine gesunde Ernährung** – insbesondere die richtigen Vitamine und Mineralstoffe können Ihre Möglichkeiten, den Stress in den Griff zu kriegen, dramatisch erhöhen.
5. **Planen Sie proaktiv Erholung und Entspannung ein** – nicht nur im Jahres-, sondern auch im Wochen- und Tagesablauf.
6. **Pflegen Sie Ihre familiären Beziehungen und Ihre Freundschaften** – denn sie machen den Wert des Lebens aus, verleihen Ihnen Energie und helfen Ihnen, gesund zu bleiben.

7. **Bewegen Sie sich** – denn dafür sind wir geschaffen und Bewegung bringt Ihre Stresshormone sehr effektiv zum Verschwinden, wenn Sie sie nicht mehr brauchen.

8. **Hören Sie nie auf, zu lernen** – und Sie bleiben geistig fit und gewinnen Sicherheit und Souveränität im Umgang mit dem »Mitarbeiter Stress«.

9. **Humor ist, wenn man trotzdem lacht** – und Sie haben eine weitere effektive Möglichkeit, den Überschuss Ihrer Stresshormone abzubauen.

10. **Mut zum Stress** – denn mit der richtigen Dosis können Sie sich selbst weiterentwickeln und lernen besser, den Stress eines ausgefüllten Lebens auch zu genießen.

Und genau dies wünsche ich Ihnen. Einen »Mitarbeiter Stress«, den Sie stets »im Griff« haben, der Ihnen hilft, Ihre Ziele zu erreichen und vor allem: Ihr Leben als sinn- und wertvoll erleben und genießen lässt!

Anhang

13

Anmerkungen

[1] Selye, Hans: Stress – Bewältigung und Lebensgewinn. S. 127

[2] http://www.1815.ch/lifestyle/gesundheit---wellness/diese-laender-sehen-stress-positiv--90267.html

[3] Selye, Hans: Stress. S. 58

[4] Selye, Hans: Stress. S. 58 ff.

[5] Selye, Hans: Stress. S. 12-15

[6] Bonhoeffer, S. 188

[7] Dieser Abschnitt ist ein Artikel, den ich bereits am 27.2.2012 auf dem Blog http://gesund-im-stress.de veröffentlicht habe

[8] GEO 08/2008: S. 141 f.

[9] GEO 08/2008: S. 142

[10] Vgl. Peseschkian (1991): S. 8 f.

[11] Vgl. Peseschkian (2003): S. 84 ff.

[12] Robbins: S. 132

[13] Bergner, S. 8 ff.

[14] Frankl, Viktor E.: Der Wille zum Sinn. S. 19

[15] Diese und über dreißig weitere Übungen finden Sie in dem sehr lesenswerten Buch *Furchtlos verkaufen* von Martin Christian Morgenstern, das ebenfalls im Verlag BusinessVillage erschienen ist.

[16] Dr. Spitzbart's Gesundheitspraxis: 03/2008

[17] Wikipedia

[18] Strunz, Ulrich; Andreas Jopp: Die Vitamin-Revolution. S. 67

[19] Spitzbart, Michael: Dr. Spitzbart's Gesundheitspraxis: 12/2006, S. 6 f.

[20] Dr. Spitzbart's Gesundheitspraxis: Ausgabe 01/2007, S. 12

[21] www.handelszeitung.ch/management/schlaflos-der-spitze

[22] Schwartz; Loehr: Die Disziplin des Erfolgs. S. 48 f.

[23] Kaluza: S. 97 f.

[24] In Anlehnung an Brechtel 1994 und Kaluza 2004

[25] In Anlehnung an Kaluza 2004

[26] in Anlehnung an Brechtel 1994 und Kaluza 2004

Literaturverzeichnis

Asgodom, Sabine (2004): 12 Schlüssel zur Gelassenheit. Kösel Verlag, München.

Bamberger, Christoph M. (2007): Stress-Intelligenz. Knaur Ratgeber Verlag, München.

Bannink, Fredrike P. Bannink (2012): Praxis der Positiven Psychologie. Hogrefe Verlag, Göttingen.

Berckhan, Barbara (2004): So bin ich unverwundbar. Kösel Verlag, München.

Bergner, Thomas M. H. (2007): Burnout-Prävention – Das 9-Stufen-Programm zur Selbsthilfe. Schattauer Verlag, Stuttgart/New York.

Birkenbihl, Vera F. (2001): Humor: An ihrem Lachen soll man Sie erkennen. mvg-Verlag, Landsberg am Lech.

Birkenbihl, Vera F. (2002): Jeden Tag weniger ärgern. Knaur Verlag, München.

Blanchard, Kenneth; Patrica Zigarmi; Drea Zigarmi (1995): Der Minuten-Manager: Führungsstile. Rowohlt Taschenbuch Verlag, Reinbek bei Hamburg.

Bonhoeffer, Dietrich (2002): Widerstand und Ergebung. Chr. Kaiser/Gütersloher Verlagshaus, Gütersloh

Brechtel, C. (1994); Muskuläres Tiefentraining – neue Wege zur Entspannung. psychotop-Verlag, Durbach.

Brockert, Siegfried (2001): Positive Psychologie – Gesund und glücklich durch Emotionale Fitness. Kreuz Verlag, Stuttgart.

Burisch, Matthias (2006): Das Burnout-Syndrom. Springer Verlag, Heidelberg.

Conen, Horst (2011): Sei gut zu dir, wir brauchen dich. Campus Verlag, Frankfurt am Main.

Cousins, Norman (1990); Der Arzt in uns selbst. Rowohlt Taschenbuch Verlag, Reinbek bei Hamburg.

Crisand, Ekkehard; Marcel Crisand (1996): Know-how der Persönlichkeits-bildung. I. H. Sauer-Verlag, Heidelberg.

Csikszentmihalyi, Mihaly (2003): Flow – Das Geheimnis des Glücks. Klett-Cotta, Stuttgart.

Doran, George T. (1981): There's a S.M.A.R.T. way to write management's goals and objectives. Management Review Volume 70, (AMA Forum), pp. 35-36.

Dreikurs, Rudolf (1995): Selbstbewußt. dtv, München.

Drexler, Diana (2006): Gelassen im Stress – Bausteine für ein achtsameres Leben. Klett-Cotta, Stuttgart.

Dweck, Carol (2007): Selbstbild – Wie unser Denken Erfolge oder Niederlagen bewirkt. Campus Verlag, Frankfurt am Main.

Dypka, Rosemarie (2006): Das emotionale Konto. Verlag Carl Ueberreuter, Wien.

Fabach, Sabine (2007): Burn-out – Wenn Frauen über ihre Grenzen gehen. Orell Füssli, Zürich.

Flach, Frederic F. (2003): In der Krise kommt die Kraft. Herder Verlag, Freiburg im Breisgau.

Frank, Gunter (2001): Gesundheitscheck für Führungskräfte. Campus Verlag, Frankfurt am Main.

Frankl, Viktor E. (1992): Ärztliche Seelsorge – Grundlagen der Logotherapie und Existenzanalyse. Fischer Verlag, Frankfurt am Main.

Frankl, Viktor E. (1991): Der Wille zum Sinn. Piper Verlag, München.

Frankl, Viktor E. (2011): ... trotzdem Ja zum Leben sagen. Kösel Verlag, München.

Frey, Markus (2007): Mit Stress zur Spitzenleistung (Hörbuch), Aufsteiger Verlag, Lenzburg/Schweiz.

Gallup-Engagement-Index: http://www.gallup.com/ strategicconsulting/158162/gallup-engagement-index.aspx

Gapp-Bauß, Sabine (2006): Stressmanagement – Das Übungsbuch. Isensee Verlag, Oldenburg.

Geißler, Karlheinz A. (2000): Zeit – verweile doch. Herder Verlag, Freiburg.

Goleman, Daniel (1996): Emotionale Intelligenz. Carl Hanser Verlag, München.

Grabe, Martin (2006): Zeitkrankheit Burnout. Francke, Marburg.

Groß, Günter F. (1989): Beruflich Profi, privat Amateur? verlag moderne industrie, Landsberg am Lech.

Helzel, Leo B. (1997): Ein Ziel ist ein Traum mit Deadline. Campus Verlag, Frankfurt am Main.

Hirschhausen von, Eckart (2009): Glück kommt selten allein ... Rowohlt Verlag, Reinbek bei Hamburg.

Höhler, Gertrud (1996): Spielregeln für Sieger. Econ Verlag, Düsseldorf.

Hoffmann, S. O.; Gerd Hochapfel (1995): Neurosenlehre, Psychotherapeutische und Psychosomatische Medizin. Schattauer Verlag, Stuttgart.

Hohensee, Thomas (2007): Gelassenheit beginnt im Kopf. Kösel Verlag, Stuttgart.

Huber, Cheri (2005): leiden ist deine entscheidung. Kösel Verlag, Stuttgart.

Kallwass, Angelika (2005): Das Burnout-Syndrom ... wir finden einen Weg. Kreuz Verlag, Stuttgart.

Kaluza, Gert (2004): Stressbewältigung. Springer Verlag, Berlin/Heidelberg.

Kast, Verena (2002): Lass dich nicht leben – lebe. Herder Verlag, Freiburg.

Kast, Verena (2012): Abschied von der Opferrolle. Herder Verlag, Freiburg.

Kellner, Hedwig (2003); Ein klares NEIN muss manchmal sein. Kösel Verlag, München.

Klein, Carmen (2006); Erfolgreich Nein sagen. R. Brockhaus Verlag, Wuppertal.

Klein, Stefan (2003): Die Glücksformel. rororo Verlag, Reinbek bei Hamburg.

Knoblauch Jörg W.; Johannes Hüger; Marcus Mockler (2003): Dem Leben Richtung geben. Campus Verlag, Frankfurt am Main.

Krampen, Günter (2012): Progressive Relaxation. Hogrefe Verlag, Göttingen.

Kretschmann, Rolf (2000): Die Kraft der inneren Bilder. Beltz Verlag, Weinheim/Basel.

Kypta, Gabriele (2011): Burnout erkennen, überwinden, vermeiden. Carl Auer Verlag, Heidelberg.

Lee, Roberta (2010): Schluss mit dem Stress. Krüger Verlag, Frankfurt am Main.

Lehrer, Jonah (2009): Wie wir entscheiden – Das erfolgreiche Zusammenspiel von Kopf und Bauch. Piper Verlag, München.

Leonhardt, Jennifer (2012): Stressmanagement – mit weniger Druck mehr erreichen. Cornelsen Verlag, Berlin.

Lüdke, Christian; Andreas Becker (2011): Wenn die Seele brennt – Mit eigener Kraft aus der Krise. medhochzwei Verlag, Heidelberg.

Lukas, Elisabeth (1983): Höhenpsychologie. Herder Verlag, Freiburg im Breisgau.

Lukas, Elisabeth (1985): Psychologische Seelsorge. Herder Verlag, Freiburg im Breisgau.

Meibom, Barbara von (2007): Gelebte Wertschätzung. Kösel Verlag, München.

Morgenstern, Martin Christian (2012): Furchtlos verkaufen. BusinessVillage Verlag, Göttingen.

Münchhausen, Marco von (2004): Wo die Seele auftankt. Campus Verlag, Frankfurt am Main.

Münchhausen, Marco von (2006): Die vier Säulen der Lebensbalance. Ullstein Verlag, Berlin.

Murphy, Joseph (2005/2009): Die Macht Ihres Unterbewusstseins. Ariston Verlag, München.

Nemeth, Andreas (2000): Begeistere Dich selbst! Selbstverlag, Bad Kissingen.

Olschewski, Adalbert (2011): Progressive Muskelentspannung. TRIAS Verlag, Stuttgart.

Peseschkian, Nossrat (1991): Psychosomatik und Positive Psychotherapie. Springer Verlag, Berlin.

Peseschkian, Nossrat; Nawid Peseschkian (2003): Erschöpfung und Überlastung positiv bewältigen. TRIAS Verlag, Stuttgart.

Peseschkian, Nossrat; Nawid Peseschkian (2009); Lebensfreude statt Stress. TRIAS Verlag, Stuttgart.

Raddatz, Gregor; Bernd Peschers (2007): Burnoutprävention in der Pflegeausbildung. Elsevier Verlag, München.

Reivich, Karen; Andrew Shatté (2002): The Resilience Factor. Broadway books, New York.

Robbins, Anthony (1995): Das Robbins Power Prinzip. Rentrop Verlag, Bonn.

Schmidt, Rainer (Hrsg.) (1989): Die Individualpsychologie Alfred Adlers. Fischer Verlag, Frankfurt am Main.

Schnack, Gerd (1999): Endlich gut drauf! – Gesundheit und Stressmanagement für Körper, Seele und Geist. Brendow Verlag, Moers.

Schnack, Gerd; Kirsten Schnack (2004): Anti-Stress-Rituale. Kösel Verlag, München.

Schömbs, Wolfgang (1991): Konzentration und Antistress-Training. Weltbild Verlag, Augsburg.

Schonert-Hirz, Sabine (2006): Die vier Säulen der Lebensbalance. Ullstein Verlag, Berlin.

Schulz von Thun, Friedemann (1993): Miteinander reden 1. Rowohlt Taschenbuch Verlag, Reinbek bei Hamburg.

Schwartz, Tony; Jim Loehr (2003): Die Disziplin des Erfolgs. Econ Verlag, München.

Seiwert, Lothar (2005): Die Bären-Strategie. Ariston Verlag, München.

Seiwert, Lothar (2011): Ausgetickt. Ariston Verlag, München.

Selye, Hans (1974): Stress – Bewältigung und Lebensgewinn. Piper Verlag, München/Zürich.

Spitzbart, Michael (2005): Leben Sie Ihr Glück. Goldmann Verlag, München.

Spitzbart, Michael; Martina Hahn-Hübner (2006): 47 Geheimnisse über das Blut der Sieger. FID Verlag, Bonn.

Stollreiter, Marc; Johannes Völgyfy; Thomas Jencius (2000): Stress-Management. Beltz Verlag, Weinheim/Basel.

Strunz, Ulrich; Andreas Jopp (2003): Die Vitamin-Revolution. Gräfe und Unzer Verlag, München.

Tavris, Carol (1995): Wut. Das mißverstandene Gefühl. dtv, München.

Titze, Michael (1979): Lebensziel und Lebensstil. Grundzüge der Teleoanalyse nach Alfred Adler. Verlag J. Pfeiffer, München.

Uexküll, Thure von (1996): Psychosomatische Medizin. Urban & Schwarzenberg Verlag, München/Wien/Baltimore.

Vorherr, Johannes (2007): Das Elia-Syndrom – Burnout und Psychohygiene. Institut für Psychologie und Seelsorge, Freudenstadt.

Watzlawick, Paul (1988): Anleitung zum Unglücklichsein. Piper Verlag, München.

Wellensiek, Sylvia Kéré (2011): Handbuch Resilienz-Training. Beltz Verlag, Weinheim/Basel.

Whitmore, John (2004); Coaching for Performance. Brealey, Yarmouth/Main.

Willenbrock, Harald (2008): Das Geheimnis der guten Wahl. In: GEO 08/2008.

Der Autor

 Schon als erfolgreicher Wettkampfsportler und später als Sportmentor ist Markus Frey immer wieder aufgefallen, dass Stress auf die Sportler offenbar ganz unterschiedliche Auswirkungen hat. Daraus entwickelte er seine Metapher vom Stress als einem »Mitarbeiter« eines jeden, der sowohl das Potenzial zum »Flop-« als auch zum »Top-Mitarbeiter« hat.

Heute ist er als Vortragsredner und Seminarleiter vor allem im wirtschaftlichen Umfeld unterwegs und gibt sein umfassendes Know-how für ein wirksames Stressmanagement auch vielfach in unterschiedlichen Medien weiter. Als Markus Frey im Jahr 2007 sein Hörbuch *Mit Stress zur Spitzenleistung* veröffentlichte, war schon der Titel eine Provokation. Doch er hat damit nicht nur provoziert, sondern auch ein umfassendes Konzept vorgelegt, das immer mehr Akzeptanz findet. Mittlerweile ist Markus Frey einer der bekanntesten Stress- und Burn-out-Experten im deutschsprachigen Raum, was auch in vielen Online-Publikationen seinen Niederschlag findet. Als Keynote-Speaker, Trainer und Coach ist er vor allem in der Wirtschaft und im Hochleistungssport tätig.

Kontakt:
E-Mail: info@stressfrey.de
Internet: www.stressfrey.de
Blog: http://gesund-im-stress.de

Resilienz

Denis Mourlane
Resilienz
Die unentdeckte Fähigkeit der
wirklich Erfolgreichen

232 Seiten; 2013; 24,80 Euro
ISBN 978-3-86980-191-9; Art-Nr.: 895

Erfolgreiche Menschen haben eine Eigenschaft, die sie von anderen unterscheidet und doch sofort wahrnehmbar ist: Gelassenheit. Sie meistern schwierige Situationen scheinbar mit Leichtigkeit, persönliche Angriffe prallen an ihnen ab und selbst unter hohem Druck büßen sie ihre Leistungsfähigkeit nicht ein.

Was machen diese Menschen anders? Sie beherrschen die Gelassenheit im Umgang mit sich, mit ihren Mitmenschen und mit den Herausforderungen, die das Leben und ihre tägliche Arbeit für sie bereithalten. Eine Eigenschaft, nach der sich immer mehr Menschen sehnen und die in der heutigen Zeit immer bedeutender wird. Resiliente Menschen verbinden diese Fähigkeit mit einer erstaunlichen Zielorientierung, Konsequenz und Disziplin in ihrem Handeln und erreichen dadurch etwas, was sie von vielen anderen unterscheidet: persönlichen Erfolg UND ein sehr großes Wohlbefinden.

In einer der wahrscheinlich spannendsten Reisen, der Reise zu Ihrem eigenen Leben, bringt Ihnen Dr. Denis Mourlane das Konzept der Resilienz näher und zeigt Ihnen, wie Sie es in Ihren Alltag integrieren.

Resilienz ist hat es in die businessbestseller Summaries geschafft. Damit gehört dieses Buch zu den 36 bedeutendsten Wirtschaftsbüchern des Jahres 2013.
»[…] Kaufempfehlung! Ein sehr nützliches Buch für alle, die einen alltagstauglichen Überblick zum Thema Resilienz suchen. Leicht verständlich und zur sofortigen Umsetzung empfohlen.« (business bestseller, 03/2013)

Change! Bewegung im Kopf

Constantin Sander
Change! Bewegung im Kopf
Ihr Gehirn wird so, wie Sie es benutzen.
Mit neuen Erkenntnissen aus Biologie
und Neurowissenschaften
3. Auflage 2012

256 Seiten; 24,80 Euro
ISBN 978-3-86980-177-3; Art.-Nr.: 881

Barack Obamas Motto „Change" hat Menschen angespornt und elektrisiert. Aber wie geht eigentlich Veränderung? Reichen positives Denken, Bekämpfung des inneren Schweinehundes und ein Motivationstraining als Schlüssel zur Veränderung aus?

Wir laufen meist noch völlig untauglichen Vorstellungen von Wahrnehmung, Lernen und Motivation hinterher. Entscheidungsprozesse in unserem Kopf funktionieren anders als wir denken. Der Bauch dominiert den Kopf - der rational gesteuerte Homo oeconomicus ist ein Mythos vergangener Zeiten. Veränderung kann nur gelingen, wenn wir die Grundlagen unseres Verhaltens verstehen und als Ressource nutzen. Denn das Potenzial, über uns selbst hinauszuwachsen und etwas zu verändern, ist uns angeboren – wir müssen es nur nutzen.

Leicht verständlich und unterhaltsam belegt Dr. Constantin Sander anhand neuer wissenschaftlicher Erkenntnisse aus der Neuropsychologie und Biologie, wie Veränderungsprozesse in der Praxis funktionieren.

»Change - Bewegung im Kopf" ist ein sehr gutes Selbstcoaching-Buch, mit leichter Hand geschrieben und voller guter Ideen für den ersten Schritt zu einem zufriedeneren Leben.« Oliver Ibelshäuser, www.Managementbuch.de

»Von so leichter Hand geschrieben hat man die Zusammenhänge zwischen Denken, Fühlen und Handeln selten konsumieren dürfen.« kommunikation & seminar, Heft 4/2010

»Wer Change Management schneller und besser in eine Organisation tragen will, dem sei das Buch »Change!« von Constantin Sander wärmstens empfohlen.« Hamburger Abendblatt, 6./7. November 2010

WIN-WIN-GESPRÄCHE

Monika Heilmann
WIN-WIN-GESPRÄCHE
Gelassen reden, selbstsicher auftreten,
Konflikte vermeiden

192 Seiten; 2010; 21,80 Euro
ISBN 978-3-86980-195-7; Art-Nr.: 903

Der Alltag mit seinen vielfältigen Gesprächssituationen wird immer komplexer: Arbeitsbesprechungen im Team, Gespräche mit Projektmitgliedern, Unterredungen mit Vorgesetzten oder Mitarbeitern, Gespräche im privaten Umfeld. Alltägliche Situationen mit viel Zündstoff, aber auch der Chance, eine gemeinsame Lösung zu finden und ein gutes persönliches Verhältnis aufzubauen beziehungsweise zu erhalten.

Nur wer eine empathische, wertschätzende und respektvolle Gesprächsführung beherrscht, wird in beruflichen und privaten Gesprächssituationen eine dauerhafte, gute persönliche Beziehung aufbauen und Erfolg haben. In ihrem neuen Buch zeigt Monika Heilmann, wie Sie bewährte Kommunikationstechniken erfolgreich in Ihrem Gesprächsalltag einsetzen.

Zahlreiche Übungen und Checklisten erleichtern Ihnen die Vorbereitung von Gesprächen und helfen Ihnen Ihre kommunikativen Fähigkeiten auszubauen und Konflikte zu vermeiden beziehungsweise zu entschärfen.

ERFOLGSERPROBTE EINSTELLUNGSINTERVIEWS

Uta Rohrschneider, Hanna Haarhaus,
Sarah Friedrichs, Marie-Christine Lohmer
**ERFOLGSERPROBTE
EINSTELLUNGSINTERVIEWS**
Wie Sie mit professionellen Fragen die
passenden Mitarbeiter finden

304 Seiten; 20123; 39,80 Euro
ISBN 978-3-86980-213-8; Art.-Nr.: 904

Trotz aufwendiger Testverfahren und mehrstufiger Einstellungsinterviews ist die Fehlerrate bei den Neuzugängen beängstigend hoch – fast die Hälfte aller Neuzugänge scheitert nach wenigen Monaten im neuen Job. Der Hauptgrund: Die Neuen erfüllen regelmäßig die in sie gesetzten Erwartungen nicht.

Die erfahrene Personalexpertin Uta Rohrschneider zeigt gemeinsam mit Hanna Haarhaus und anderen Kolleginnen in diesem Handbuch, wie moderne Einstellungsinterviews gestaltet und vor allem die richtigen Schlüsse aus den Antworten gezogen werden. Denn gerade Fach- und Führungskräfte, bei denen Einstellungsgespräche nicht an der Tagesordnung sind, laufen Gefahr, die Bewerbungsgespräche falsch zu führen. Sie fragen zu wenig und nicht nachhaltig genug und riskieren, die Aussagen der Bewerber falsch zu interpretieren.

Fach- und Führungskräfte, aber auch gestandene Personaler finden in diesem Buch wertvolle Tipps, wie sie die eigenen Fähigkeiten bei der Personalauswahl entscheidend verbessern und strukturierte und belastbare Einstellungsinterviews führen und auswerten. Denn erst durch gezieltes und treffsicheres Fragen entsteht ein genaues Bild von Kompetenzen und Persönlichkeit der Bewerber und eine Informationsbasis, die das Risiko einer Fehlbesetzung minimiert. Viele konkrete Beispielfragen erleichtern die direkte Umsetzung im Alltag.

Die Burn-out-Mode

Jörg Steinfeldt
Die Burn-out-Mode
Mediziner. Manager. Mythen.
Der Hype und die Realität

168 Seiten; 2013; 17,90 Euro
ISBN 978-3-86980-217-6; Art-Nr.: 922

Ich hab dann mal Burn-out …

Burn-out ist en vogue und jeder hat die freie Wahl: gestresst, genervt, dauerer-schöpft, bocklos … Eins davon reicht aus. Die Bescheinigung dafür gibt es beim Arzt kostenlos – eine Krankenversicherung vorausgesetzt.

Wie erklärt sich der Siegeszug dieses Phänomens in unserem Land? Gibt es Nutznießer, die ein Interesse daran haben, dass eine Nation ausbrennt? Was ist Burn-out tatsächlich? Warum sind so viele Menschen dafür empfänglich? Was kann jeder von uns und was können wir alle gemeinsam gegen diese „Volkskrank-heit" tun?

Antworten darauf liefert der Jurist Jörg Steinfeldt in seinem neuen Buch. Scho-nungslos legt er die Macken der Deutschen offen und befeuert den inneren Dialog. Klar und heiter bis ätzend formuliert liefert dieses Buch Argumente für die Burn-out-Diskussion. Eine unverzichtbare Lektüre für alle, die über den Burn-out mitreden wollen.

Unternehmen in der Psychofalle

Regina Mahlmann
Unternehmen in der Psychofalle –
Wege hinein. Wege hinaus.
Mein Coach. Mein Therapeut. Mein Chef.

256 Seiten; 2012; 24,80 Euro
ISBN 978-3-86980-182-7; Art.-Nr.: 888

Führungskräfte als Laiendiagnostiker und -therapeuten - angesichts von Depressionen und Burn-out setzt sich dieses Bild in Personalabteilungen und der Weiterbildungsbranche auf leisen Sohlen durch.

Zunehmend dringen psychologische und psychotherapeutische Modelle in den Pflichtenkatalog von Führungskräften ein. Verantwortungsvolle Führung wird heute häufig verknüpft mit »ganzheitlicher«, also umfänglicher Fürsorge für das Wohlbefinden von Mitarbeitenden – als gehorche diese Verknüpfung einem Naturgesetz. Die Kombination mit einer wuchernden Psychologisierung lässt Widerspruch dringend geboten erscheinen. Gerade wenn man dem Pathos der »Demokratisierung der Führung«, des »mündigen« Mitarbeitenden, des »angestellten« Entrepreneurs huldigt.

In ihrem neuen Buch warnt Unternehmensberaterin und Coach Regina Mahlmann vor einer weiteren Psychologisierung der Führungsaufgaben. Sie problematisiert die praktischen Zumutungen und grundsätzlichen Grenzen für Führungskräfte und Unternehmen und formuliert Vorschläge, wie diesem Trend Einhalt zu gebieten ist.

Ein provozierendes Buch, das die dringend fällige Kontroverse um verbreitete Zumutungen, Anforderungen und Appelle an Führungskräfte auslösen soll.